Als die Teilchen laufen lernten

Leben und Werk des Großvaters der modernen Teilchenbeschleuniger - Rolf Wideröe

Zusammengestellt und redigiert
von Pedro Waloschek

Rolf Wideröe

Als die Teilchen laufen lernten

Leben und Werk
des Großvaters der modernen
Teilchenbeschleuniger –
Rolf Wideröe

Zusammengestellt und redigiert
von Pedro Waloschek

Die Deutsche Bibliothek – CIP-Einheitsaufnahme

Als die Teilchen laufen lernten: Leben und Werk des Großvaters der modernen Teilchenbeschleuniger – Rolf Wideröe / zsgest. und red. von Pedro Waloschek. – Braunschweig; Wiesbaden: Vieweg, 1993
ISBN 978-3-663-01975-6 ISBN 978-3-663-01974-9 (eBook)
DOI 10.1007/978-3-663-01974-9

NE: Waloschek, Pedro [Hrsg.]

Softcover reprint of the hardcover 1st edition 1993
Der Verlag Vieweg ist ein Unternehmen der Verlagsgruppe Bertelsmann International.

Umschlaggestaltung: Schrimpf und Partner, Wiesbaden
Satz und Layout: Pedro Waloschek

Gedruckt auf säurefreiem Papier

ISBN 978-3-663-01975-6

Inhaltsverzeichnis

Vorwort

von Pedro Waloschek

Der folgende autobiographische Bericht über das Leben und Werk von Rolf Wideröe stammt aus sehr vielen von ihm selbst zu diesem Zweck geschriebenen Texten, aus Tonband- und Videoaufnahmen mit seinen Darstellungen und schließlich aus Notizen, die ich bei Treffen mit ihm angefertigt habe. Außerdem hat mir Rolf Wideröe Kopien vieler seiner Veröffentlichungen zur Verfügung gestellt, aus denen ich auch Informationen übernommen habe.

Die Texte wurden von mir zusammengestellt, redigiert und, wo es zweckmäßig war, auch chronologisch geordnet. Danach hat sie Rolf Wideröe in mehreren Durchgängen korrigiert und ergänzt. Man kann den Bericht also als autorisierte Biographie in Ichform betrachten. Sehr hilfreich bei dieser Arbeit war Frau Wideröe, die sich an viele Einzelheiten sehr genau erinnern konnte.

Der Schwerpunkt wurde auf die Lebensgeschichte Wideröes gelegt und auf die ersten Entwicklungen, die zu den modernen Teilchenbeschleunigern geführt haben. Die technischen und wissenschaftlichen Erläuterungen sind möglichst allgemeinverständlich und kurz gehalten. Für Einzelheiten wird diesbezüglich auf die vielen im Text zitierten Veröffentlichungen verwiesen und auf die umfangreiche Literatur, wie zum Beispiel die schönen Bücher »Spurensuche im Teilchenzoo« von Frank Close, Michael Marten und Christine Sutton [Cl89] und »Die großen Physiker und ihre Entdeckungen« von Emilio Segrè [Se82], in denen auch viele geschichtlichen Angaben enthalten sind.

Eine sehr wichtige Grundlage für diesen Bericht bildeten die Aufzeichnungen eines Interviews mit den beiden norwegischen Physikern Finn Aaserud und Jan Vaagen, das im Jahr 1983 in Oslo stattgefunden hat. Aaserud und Vaagen haben dann über Wideröe einen Artikel in der Zeitschrift »Naturen« geschrieben [Aa83].

Wideröe hat seine damaligen Antworten und Kommentare aufbewahrt, im Jahr 1991 für den vorliegenden Bericht frei ins Deutsche übersetzt und dabei auch noch an vielen Stellen geändert und erweitert.

Sehr wertvoll waren die vielen in den Wissenschaftshistorischen Sammlungen der Bibliothek der Eidgenössischen Technischen Hochschule Zürich (ETH) gelagerten Unterlagen über Rolf Wideröe. An der ETH Zürich hat er ja 20 Jahre lang unterrichtet. In 17 Bänden [Wi70] sind alle Veröffentlichungen, viele Schriftstücke und die Patente Wideröes zusammengestellt. Des weiteren sind viele Dokumente aufbewahrt, wie zum Beispiel Briefe, Manuskripte, Fotos, Ton- und Videobänder. Hier werden auch in Zukunft alle wichtigeren Dokumente zum Leben und Werk Wideröes deponiert, einschließlich derjenigen, die ich für diesen Bericht jetzt zusammengestellt habe. Die Wideröe-Dokumentation wurde vom Leiter der Sammlung, Dr. Beat Glaus eingerichtet und wird jetzt von Herrn Morten Guddal geführt und erweitert. Beiden Herren und mehreren Mitarbeitern der Bibliothek bin ich für ihre Hilfe sehr dankbar.

In Form von Kästen habe ich einige zusätzliche Informationen eingefügt. Es handelt sich meist um Angaben über interessante Entwicklungen oder Ereignisse, die parallel zu den von Wideröe geschilderten stattgefunden haben, aber auch um Daten, die dazu dienen sollen, dem Leser einen besseren Überblick zu vermitteln.

Im Rahmen meiner Möglichkeiten habe ich versucht, die hier angegebenen Daten durch den Vergleich verschiedener Publikationen und durch Befragung von Zeitzeugen zu verifizieren. Dabei konnte ich auch einige Fehler richtigstellen, die sich in die Darstellungen eingeschlichen hatten, besonders was die chronologische Reihenfolge der Ereignisse betrifft. Für weitere Korrekturen oder Verbesserungsvorschläge wäre ich natürlich sehr dankbar und bitte sie mir an folgende Adresse zu schicken: DESY, Notkestraße 85, D - 22607 Hamburg. Für Fehler, die bei der Redaktion und Korrektur noch dazugekommen sind, bitte ich um Nachsicht und übernehme dafür die volle Verantwortung.

Bei der Arbeit für diesen Bericht wurde ich von meinen Kollegen und von der Leitung des Forschungszentrums DESY ermuntert und unterstützt. Viele Freunde und Bekannte haben mir bei den Recherchen geholfen, darunter Dr. Arnold von Arx, Dr. Olav Aspelund, Prof. Jean Pierre Blaser, Dr. Derek Darvill, Ing. Christian Falland, Dr. Thomas Naumann, Dr. Sigmund Nowak, Dr. Jochen Seibert, Ing. Alfred Stüben und Herr Klaus Thamm. Prof. Roald Tangen hat sehr interessante Details aus der Geschichte klargestellt. Besonders wichtig waren mehrere Erläuterungen von Prof. Wolfgang Paul und einige seiner Veröffentlichungen. Sehr aufschlußreiche Daten habe ich von Frau Dr. Maria Osietzki erhalten [Os87] [Os88] und von Herrn Edgar Swinne. Ihnen allen möchte ich hier meinen Dank aussprechen.

Frau Gisela Lüscher bin ich für eine aufmerksame Korrektur sehr dankbar. An der Jagd nach Fehlern haben sich auch Frau Kerstin Techritz und Herr Stefan Sack beteiligt. Für die geduldige Arbeit von Frau Gabriela Heessel möchte ich mich bedanken: Sie hat die umfangreichen handschriftlichen Aufzeichnungen von Rolf Wideröe und den Inhalt vieler Stunden Tonbandaufnahmen sorgfältig geschrieben und verbessert. Und nicht zuletzt möchte ich erwähnen, daß ohne die geduldige Betreuung meiner Edith dieser Bericht nicht zustande gekommen wäre.

Dem Verlag Vieweg bin ich zu größtem Dank verpflichetet, besonders Herrn Wolfgang Schwarz, der als Lektor schon bei der Planung des Buches mitgewirkt hat, und Frau Dr. Brigitte Döbert, die uns bei der Herstellung hervorragend unterstützt hat.

Bevor ich aber Rolf Wideröe zu Worte kommen lasse, möchte ich noch kurz die Höhepunkte seines Lebens und seine Verdienste für die Forschung und für die Technik zusammenfassen, besonders für diejenigen Leser, die mit seinem Werk noch nicht vertraut sind oder gewissermaßen als Appetitmacher für die dann folgenden Erzählungen.

Zum ersten Mal hat mir im August 1958, auf einem Physikertreffen in Varenna am Comer See, mein Freund Bruno Touschek von dem genialen norwegischen Ingenieur Rolf Wideröe erzählt, der ihm Schnaps und Zigaretten in die Zelle brachte, als ihn die Gestapo in Hamburg-Fuhlsbüttel eingesperrt hatte, weil er so gerne ausländische Zeitschriften las. Dieser Ingenieur glaubte damals, eine großartige Idee zu haben. Er wollte einen wesentlich effektiveren »Atomzertrümmerer« bauen als je zuvor. Und das noch mitten im Krieg, im Jahr 1943, in Hamburg. Er hatte dafür aber nur wohlbekannte physikalische Gesetze benutzt. Als wissenschaftliche Arbeit waren Wideröes Gedanken nicht zu veröffentlichen, meinte der theoretische Physiker Bruno, es war alles viel zu trivial und unausgegoren.

Aber Wideröe ließ nicht locker: Er reichte seine Ideen eben als Patent ein. Heute gilt es als der erste Vorschlag der nun in aller Welt benutzten »Speicherringe«, die in der Grundlagenforschung und für unzählige praktische Anwendungen eingesetzt werden. Mit Touschek habe ich damals noch lange über die Unterschiede zwischen einer wissenschaftlichen Publikation und den in der Industrie üblichen Patenten diskutiert (s. Anhang) und auch über das seltsame Zusammenwirken von Industrie, Technik, Forschung, Politik und auch Krieg, das im Leben Wideröes, wie wir bald näher erfahren werden, eine wichtige Rolle gespielt hat.

In Fachkreisen betrachtet man Wideröe allgemein als den »Großvater der modernen Teilchenbeschleuniger«, als den Erfinder oder Miterfinder der wohl wichtigsten Ideen auf diesem Gebiet in unserem Jahrhundert und vielleicht sogar als einen berechtigten Kandidaten auf den Nobelpreis. Einige Arbeiten Wideröes wurden erst relativ spät in Physikerkreisen bekannt, schon weil Patente nicht zur Pflichtlektüre von Wissenschaftlern gehören. Und viele seiner Ideen wurden somit auch anderswo wiederentdeckt oder gleichzeitig entwickelt. Das ändert aber nichts an den historischen Tatsachen und am Wert der von Wideröe geleisteten kreativen und konstruktiven Arbeit. Und Wideröe ist außerdem ein extrem interessanter und sehr vielseitiger Mensch.

Am 11. Juli 1902 wurde Wideröe in Oslo geboren. Schon 1922, also als Zwanzigjähriger, hat er den »Strahlentransformator« erdacht, das später berühmte »Betatron«. Dieses Thema zieht sich wie ein roter Faden durch sein ganzes Leben. Er hat es damals in seinen Heften aufgezeichnet und berechnet. Als er damit 1926 in Karlsruhe promovieren wollte, wurde es glatt abgelehnt.

In Aachen hat man dagegen seine Gedanken verstanden. Aber sein »Strahlentransformator« wollte nicht funktionieren. So baute Wideröe eben einen »Geradeaus-Beschleuniger«, der nun doch lief: Er hatte nur 25 000 Volt zur Verfügung und beschleunigte damit Atomkerne so, als hätte er 50 000. Es war die Geburtsstunde des »Linac« und das Grundprinzip für die danach folgende Entwicklung aller modernen Teilchenbeschleuniger. Wideröe erhielt damit seinen Doktortitel.

Ernest Orlando Lawrence in Kalifornien (USA) sah Wideröes veröffentlichte Doktorarbeit in der Zeitschrift »Archiv für Elektrotechnik« und entnahm aus den Abbildungen (er konnte kaum Deutsch) das Prinzip, nach dem er das berühmte Zyklotron erfand. Dafür erhielt er schließlich den Nobelpreis. Und deshalb ist auch Wideröe heute in Amerika so gut bekannt.

Nach seiner Dissertation ging Wideröe in die Industrie und baute Relais, zuerst in Berlin und dann in Oslo. Es waren wohl die besten, die man in Kraftwerken zur Unterbrechung des Stromes bei Kurzschlüssen damals hatte. Und sie zeigten auch an, wie weit entfernt der Kurzschluß war. Die perfektesten wurden später in Norwegen hergestellt und auch in anderen Ländern eingesetzt. Wideröe hat diese Relais nicht nur entwickelt und gebaut, sondern auch als Vertreter für eine Elektrizitätsgesellschaft verkauft und zum Teil sogar selbst ausgeliefert und installiert.

In der Hoffnung, seinen Bruder Viggo – ein Pionier der Norwegischen Luftfahrt, der sich am Widerstand beteiligt hatte – aus der Haft in Deutschland zu befreien, akzeptierte es Rolf Wideröe im Jahr 1942, seinen Jugendtraum, einen »Strahlentransformator« oder »Betatron« in Hamburg zu bauen, mit dem man sehr starke Röntgenstrahlen erzeugen konnte. Einige Spezialisten der Luftwaffe dachten damals daran, mit Röntgenstrahlen Flugzeuge abzuschießen, wovon aber Wideröe nichts wußte und was ihnen dann von seriösen Physikern auch ausgeredet wurde.

Aber das Hamburger Betatron lief erfolgreich und landete als Kriegsbeute in England, wo es zur Durchleuchtung großer Stahlplatten seine Dienste leistete. Und Wideröe landete als Kollaborateur in einem Gefängnis in Norwegen. Dem bekannten Wissenschaftler Odd Dahl und einigen damaligen Freunden gelang es, die norwegischen Behörden von der Unschuld Wideröes zu überzeugen: Er wurde nach 48 Tagen wieder freigelassen.

Noch in Hamburg (1943) hatte er die Idee mit den Speicherringen niedergeschrieben. Es sollten gegeneinanderlaufende Teilchen (die in luftleeren Ringen gespeichert sind) zum Zusammenstoß gebracht werden. Das Reichspatent wurde im Krieg geheimgehalten und erst 1953 rückwirkend anerkannt und der Allgemeinheit zugänglich gemacht. Es ist im Anhang 1 wiedergegeben. Im Jahr 1960 hat Bruno Touschek den ersten Speicherring nach diesem Prinzip in Rom zum Laufen gebracht. Heute werden in der Hochenergiephysik fast ausschließlich Speicherringe mit kollidierenden Strahlen zur Untersuchung der kleinsten Bausteine der Materie benutzt, im wesentlichen nach der patentierten Idee von Rolf Wideröe.

Mit der Stabilität der Bahnen geladener Teilchen in Ringbeschleunigern hat sich Wideröe schon bei seinen ersten Studien beschäftigt. Daraus entstand Anfang 1946 auch ein norwegisches Patent voller Formeln (s. Anhang 2), in dem die wichtigsten Ideen für den Bau eines Synchrotrons dargestellt sind. Gleichzeitig wurden solche Vorschläge in anderen Ländern gemacht. Sie führten zum Bau der ersten großen Ringbeschleuniger.

Nach dem Krieg baute Wideröe Betatrons für die damalige Firma BBC in der Schweiz. Es wurden im Laufe der Jahre insgesamt 78 Stück hergestellt. Einige davon dienten zur Durchleuchtung großer Bauteile in der Industrie, aber die meisten wurden in Krankenhäusern eingesetzt, zur Bestrahlung von Krebskranken. Deshalb widmete sich nun Wideröe der Untersuchung biologischer Auswirkungen der Strahlung, besonders auf die Zellen des menschlichen Körpers. Er erdachte eine Theorie dafür, die »Zweikomponententheorie«, die große Beachtung fand.

Wideröe, der 1962 »Dr. Ing. ehrenhalber« der Rheinisch Westfälischen Technischen Hochschule RWTH Aachen wurde, erhielt im gleichen Jahr den »Dr. med. h. c.« der Universität Zürich und auch noch viele andere Auszeichnungen. An der Eidgenössischen Technischen Hochschule ETH in Zürich hat er von 1953 bis 1973 als Professor unterrichtet. Beim Aufbau der ersten größeren Teilchenbeschleuniger der beiden Forschungszentren CERN in Genf und DESY in Hamburg wurde Wideröe als Berater herangezogen. In den Tagungsberichten vieler internationaler Konferenzen über Teilchenbeschleuniger findet man seine immer interessanten Fragen, Bemerkungen und Anregungen.

Heute lebt Rolf Wideröe mit seiner Frau Ragnhild glücklich als Rentner in einem schönen Haus am Hang, mit Blick über das Obersiggenthal und über die Stadt Baden in der Schweiz. Jeden Samstag empfängt er seine Kinder und Enkelkinder zum Mittagessen, und jedes Jahr feiert er seinen Geburtstag in Oslo, mit seinen Freunden und Verwandten. In Hamburg macht er gerne Station und besucht dabei seine alten Bekannten, auch die im Forschungszentrum DESY. Und mit erstaunlicher Frische und Begeisterung erzählt er aus seinem Leben und über seine Arbeiten.

Hamburg, im August 1993

Bild 1.1: Rolf und Ragnhild Wideröe in Nussbaumen, im Oktober 1992, bei einer Drehpause während der Videoaufnahmen zum Thema »Wideröe über Wideröe« [Wa93].

Wideröe über Wideröe

1 Familie, Jugend und Lord Rutherford

Wenn ich über mein Leben erzählen soll, ist es wohl angebracht, zuerst etwas über die Geschichte meiner Familie zu erklären – obwohl das gar nicht so einfach ist – und dann auch etwas über meine Jugendzeit.

Theodor Wideröe, mein Vater, wurde als Sohn eines Pfarrers in der norwegischen Stadt Kongsvinger geboren. Er war Kaufmann, Generalagent für Weine und Cognac (Martell) aus Frankreich und außerdem für Pflanzenöle aus Holland, die für die Herstellung von Margarine benutzt wurden. Er interessierte sich besonders für Briefmarken und liebte das Leben im Freien. Wir gingen oft zusammen auf Skitouren nach Nordmarken und haben uns sehr gut verstanden. Wir paßten gut zueinander.

Mein Großvater hieß Paulus Peter Marcus Wideröe und lebte von 1827 bis 1891. Man kann seine Vorfahren weit zurückverfolgen. Der Stammvater hieß Aage Hansen und lebte in der Nähe von Molde und auch auf Veöy, der Insel mit dem Heiligtum »Ve« für Odin. Er heiratete in Molde Synnöve Oudensdatter, eine Tochter des berühmten Aspen-Geschlechts. Dieses Geschlecht stammte ursprünglich aus Brandenburg und hieß früher Kane. Es wird in der Geschichte zum ersten Mal 1340 und dann wieder 1597 erwähnt. Dies war also die Familie meines Vaters.

Die Ahnen meiner Mutter stammen aus Deutschland und haben auch eine interessante Vorgeschichte. Mein Großvater mütterlicherseits hieß Carl Gottlieb Launer und wurde 1819 in Düro-Brockstadt geboren, südlich von Breslau. Er ist in Halden (Norwegen) 1902 gestorben. Wir vermuten, daß der Name Launer von Hugenotten stammt, die während der Zeit Friedrich des Großen aus Frankreich eingewandert sind.

Dieser Großvater wollte Bierbrauer werden und wanderte als Geselle zu Fuß bis nach Konstantinopel und von dort wieder zurück nach Wien, wo er 1848 an den Kriegshandlungen eines Aufruhrs teilnahm. Auf der Seite der Aufrührer wurde er Kapitän. Er hatte während dieser Zeit eine Frau, und als er während der Kämpfe verwundet wurde, hat sie ihn in einem Backofen versteckt und gesund gepflegt. Aber dann starb seine Frau, und er wanderte weiter. Er kam nach Northeim, in der Nähe von Hannover und heiratete dort Johanne Dorthea Magrethe Cramer, also meine Großmutter. Sie war 1837 in Northeim geboren und ist 1925 in Oslo bei uns gestorben. Sie war die Tochter eines Weißledergerbers. Das Paar übersiedelte nach Halden (Norwegen), wo er Braumeister wurde. Hier ist dann 1875 meine Mutter geboren. Sie ist 1971 in Oslo gestorben.

Mein Großvater war später Braumeister in Hamburg, kehrte aber nach einigen Jahren nach Halden zurück. Es ist gut möglich, daß ich von meinem Großvater die Lust zu Reisen und vielleicht auch einige andere Veranlagungen geerbt habe.

Ich möchte hier noch eine Geschichte erzählen, die mir sehr merkwürdig erscheint. Ich hatte in Amerika, in Seattle, vier Vettern, die Söhne einer Schwester meiner Mutter. Bei einem Besuch erzählte mir der älteste von ihnen, Orwill Borgersen, daß er einmal mit seinem Wagen unterwegs war und in einen Straßengraben abgerutscht ist. Er wurde von einem Bauern, der in der Nähe wohnte, herausgezogen. Der Bauer erzählte ihm dabei, daß sein Vater aus Deutschland stammte, und zwar aus Hamburg. Er hatte dort mit seinen Pferden das Bier von Braumeister Launer ausgetragen. Ein wohl fast unglaublicher Zufall!

Ich erinnere mich, daß ich als 12- oder 13jähriger schon sehr an Naturwissenschaften, Physik und Technik interessiert war – obwohl ich zu Hause keine besonderen Anregungen in dieser Richtung bekam. Ich hatte sogar einen elektrischen Telegraphen gebaut, zu einem Freund in einem Nachbarhaus. Er funktionierte recht gut. Meine Familie war etwas beunruhigt über gewisse chemische Experimente, die ich durchführte. Sie befürchteten wohl, ich würde das Haus in die Luft jagen. Aber so schlimm wurde es nun doch nicht. Meine beiden Brüder, Viggo (geb. 1904) und Arild (geb. 1907), interessierten sich nur für das Fliegen, und meine Schwester Else (geb. 1913) hatte ganz andere Sorgen.

Meine beiden Brüder haben später eine Fluggesellschaft gegründet, die wohl die erste in Norwegen war. Jedenfalls haben sie die erste regelmäßige Postverbindung mit dem Norden des Landes hergestellt, zwischen Oslo und Stavanger. Sie werden deshalb als Pioniere der norwegischen Luftfahrt betrachtet. Viggo war meist der Pilot und Arild der Mechaniker, obwohl auch Arild fliegen konnte. Im Jahr 1937 ist Arild bei einem Rundflug über dem Oslo Fjord abgestürzt. Er kam dabei mit seinem Onkel und dessen Frau ums Leben. Er hatte ein ganz neues Flugzeug, bei dem die Halterung eines Flügels abriß.

Viggo hatte in den 30er Jahren einen Vertrag mit dem Antarktis-Walfischfänger Lars Christiansen. Er sollte für ihn mit seinem Flugzeug kartographische Aufnahmen von der Küste und von den angrenzenden Teilen der Antarktis machen. Bei einem der Erkundungsflüge hat er ein großes Gebirgsmassiv entdeckt, den »Sör-Rondane«, in dem einer der Berge, er ist 3000 Meter hoch, nach ihm »Wideröe-fjeld« genannt wurde. Aufgrund der damaligen Erkundungen ist der erforschte Sektor der Antarktis Norwegen zugesprochen worden.

Die von Viggo und Arild gegründete Fluggesellschaft existiert noch heute und arbeitet mit der SAS und der Braathens SAFE zusammen. Sie heißt »Wideröes Flyveselskap«. Viggo hat ein Haus in Spanien, und wir verbringen jeden Frühling mit ihm einige Wochen Urlaub.

Ich hatte einen guten Freund in Oslo, Kaare Ström, der später Professor für Geographie und Limnologie in Oslo wurde. Sein Vater erhielt regelmäßig die Zeitschrift »Von der Welt der Natur«. Ich las sie oft bei ihm, und vieles prägte sich bei mir ein. Die Spaltung der Atome zum Beispiel wurde darin erläutert und interessierte mich sehr. Ich kam schon damals auf den Gedanken, daß man mit sehr starken magnetischen Feldern die Valenzelektronen der Atome auf immer kleinere Bahnen zwingen könnte, in einer Art Super-Zeeman-Effekt, und daß dabei vielleicht die Atomkerne zertrümmert würden. Später, es war wohl 1983, in einem Physikertreffen in Geilo, habe ich erfahren, daß man mit magnetischen Feldstärken von 10^{10} Gauß tatsächlich etwas in dieser Richtung erreichen könnte und daß in Neutronensternen Feldstärken von bis zu 10^{12} Gauß existieren.

Als Schüler schrieb ich einmal an Professor Brock von der Universität Oslo und fragte ihn etwas über Spektrallinien. Ich bekam eine freundliche Antwort mit Angaben über Bücher, in denen ich etwas über meine Fragen erfahren könnte. Dies war bis dahin meine einzige Kontaktperson mit der physikalischen Welt.

Damals las ich viele Bücher, wie zum Beispiel Rider Haggards Abenteuerromane über Afrika, Conan Doyles »Die verlorene Welt« und Övre Richter Frichs Bücher über Jonas Fjeld und viele Fortsetzungsromane, die in Zeitungen standen. Ich fand aber auch viel Interessantes im Gymnasium. Was ich dort gelernt habe, hat mir wohl später am meisten genutzt. Es blieb mir auch alles recht gut eingeprägt. Ich war ein relativ normaler Schüler. Allerdings hatte ich durch Selbststudium der schönen Büchlein der »Sammlung Göschen« einiges über höhere Mathematik gelernt. Und wir hatten einen Mathematiklehrer, Kapitän Löken, der Mitglied im Norwegischen Mathematischen Verein war. Ich trat diesem Verein auch bei.

In den letzten Schuljahren habe ich etwas von Einsteins Relativitätstheorie gelesen. Am Ende oder kurz nach dem ersten Weltkrieg wurde doch die Lichtablenkung durch die Sonne in einer berühmten Expedition nachgewiesen und somit Einsteins Theorie bestätigt. Mit siebzehn Jahren habe ich einen Vortrag darüber und über Einsteins Relativitätstheorie gehalten. Auch Plancks Quanten interessierten mich. Mein Physiklehrer wußte nichts darüber, und ich mußte ihm das erklären.

Aber auch mit der Theorie der elektromagnetischen Vorgänge habe ich mich beschäftigt, also mit den Gesetzen der Elektrostatik und mit den Phänomenen der Induktion und ihren sonderbaren

Gleichungen, die ja damals schon umfangreich in der Technik eingesetzt wurden.

Tief beeindruckt hat mich 1919 die Nachricht, daß Rutherford die Atomkerne des Stickstoffs durch Zusammenstoß mit den schnellen Alphateilchen einer radioaktiven Substanz (es war wohl Radium) spalten konnte. Ich hatte es aus Zeitschriften und Zeitungen erfahren. Der Traum der Alchimisten war also wahr geworden!

Es war mir schon damals klar, daß die natürlichen Alphastrahlen dafür nicht ganz das Richtige waren: Man benötigte Teilchen mit viel höherer Energie und weit mehr davon, um eine größere Anzahl von Spaltungen herbeizuführen. Ich überlegte mir, daß man hier mit der Hochspannungstechnik vielleicht Lösungen finden könnte.

Ich wußte ja, daß man elektrisch geladene Teilchen, wie etwa Atomkerne oder Elektronen, in elektrischen Feldern beschleunigen kann. Die dabei erhaltene Energie entspricht genau der »Voltzahl«, also der Spannung, die von den Teilchen durchlaufen wurde. Bei einer Million Volt ist es ein Megaelektronenvolt, also ein MeV.

Aber die Spannung kann man nicht beliebig erhöhen: es entsteht bald ein Durchschlag in Form eines Funkens oder Blitzes. Eine glatte und genügend große Metallkugel in einer Halle kann man an trockenen Tagen bis auf einige Millionen Volt aufladen. Aber dann gibt es Überschläge. Das wurde damals oft sehr eindrucksvoll vorgeführt, in kleinerem Maßstab sogar in den Schulen. Ein weiterer Nachteil der Beschleunigung von Teilchen mit hohen Gleichspannungen ist die Tatsache, daß entweder die Teilchenquelle oder die Meßapparatur (oder sogar beide) auf Hochspannung liegen müssen, was die Bedienung recht umständlich und sogar gefährlich macht.

Die mit diesen Apparaturen maximal erreichbaren Hochspannungen von einigen Millionen Volt, die man dann zur Beschleunigung geladener Teilchen benutzen könnte, sind außerdem gar nicht so hoch, wenn man sie mit der Energie der Alphastrahlen

Kasten 1

Sir Ernest, Lord Rutherford of Nelson

Kaum ein anderer Wissenschaftler hat so viel Einfluß auf die Untersuchung der Struktur der Materie in unserem Jahrhundert gehabt wie Lord Ernest Rutherford. Schon im Jahr 1908 hat er den Nobelpreis für Chemie erhalten, weil er erkannt hatte, daß es sich bei der radioaktiven Alphastrahlung um Helium-Teilchen handelte, die von besonderen Atomkernen mit sehr hoher Energie abgeschossen wurden.

Im Jahr 1911 hat dann Rutherford seinen damaligen Assistenten Hans Geiger (der später die Geiger-Müller-Zähler entwikkelte) und den Studenten Ernest Marsden zu einem sonderbaren Experiment angeregt. Er ließ sie Goldatome mit Alphastrahlen beschießen. Die meisten durchquerten die Goldatome praktisch ungestört, aber einige wenige prallten ab, sogar nach rückwärts. Daraus konnte Rutherford ableiten, daß die Atome praktisch leer sind, aber einen sehr kleinen Kern haben, in dem fast ihre gesamte Masse konzentriert ist. Es war die Entdeckung der Atomkerne.

Was aber Wideröe besonders interessiert hat, war die Entdekkung der Kernzertrümmerung, die Rutherford 1919, nach dreijähriger Überprüfung seiner Experimente, im Philosophical Magazine veröffentlicht hat. Dies fand damals ein entsprechendes Echo in den Medien.

Das Wichtigste an Rutherfords Experimenten war aber die benutzte Methode. Beim Aufeinanderprallen atomarer Teilchen kann man ihre Eigenschaften untersuchen. Damals ging es hauptsächlich darum, die Zusammensetzung der Atomkerne auf diese Art zu erforschen. Heute nennt man das »Streuexperimente«. Mit höherer Energie kann man immer kleinere Details im Aufbau der Teilchen erforschen, also immer kleinere Strukturen »aufbrechen«. Aber man kann dabei auch neue Teilchen erzeugen. Mit dieser Methode werden die kleinsten Bausteine der Materie erforscht.

Rutherford suchte nach besseren Versuchsbedingungen und spornte seine Mitarbeiter an, Teilchen mit höherer Energie im Labor herzustellen. Davon erfuhr Wideröe allerdings nichts, denn er hatte keine Verbindungen mit diesem Forschungszentrum.

Ernest Rutherford, 1871 in Neuseeland geboren, wurde am 1. Januar 1931 zum Peer geschlagen. Er ist 1937 gestorben.

radioaktiver Substanzen vergleicht: Diese liegen nämlich zwischen 5 und 10 MeV, was einer Beschleunigung mit 5 bis 10 Millionen Volt entspricht.

Wer also solch hohe Teilchenenergien oder noch höhere erreichen wollte, mußte nach ganz neuen Methoden zur Teilchenbeschleunigung suchen. Und da sah ich gewisse Möglichkeiten in den zwar sehr eleganten, aber nicht ganz leicht zu verstehenden Gleichungen der Elektrizität und des Magnetismus, mit denen ich mich schon damals beschäftigt hatte und die in der Technik weitgehend angewandt wurden.

So entstand also mein Wunsch, Elektrotechnik zu studieren. Dies war das Fach, das mich am meisten interessierte.

Bild 1.2: Rolf Wideröe als 18jähriger Gymnasiast in Oslo

Dann kam die Entscheidung, an eine deutsche Hochschule zu gehen. Meine Eltern waren davon überzeugt, daß ich, um meine Wünsche zu erfüllen, zum Studium ins Ausland gehen mußte. Sie behaupteten, daß die damalige Technische Hochschule in Drontheim (auf Norwegisch »Trondheim«), die einzige in Norwegen, an der es technische Fächer gab, für mich nicht geeignet sei und bezeichneten sie sogar recht herablassend als »Kindergarten«. Ob das wirklich so war, kann ich nicht beurteilen. Einige Jahre später hätten meine Eltern dieses Urteil sicher revidiert. Ich hatte mich aber damals nicht viel über diese Hochschule informiert. Sie war erst 1910 gegründet worden und hatte zu meiner Zeit etwa 100 Studenten, wie mir später Jan Vaagen in unserem Interview (1983) erzählt hat. In Oslo, wo wir ja wohnten, gab es an der Universität keine technische Ausbildung, die meinen damaligen Vorstellungen entsprochen hätte.

Aber ich ging ja auch ganz gerne ins Ausland und interessierte mich besonders für Darmstadt und Karlsruhe. Warum ich gerade Karlsruhe wählte, weiß ich heute nicht mehr. Vielleicht war es Prof. Richter, damals ein großer Mann im Elektromaschinenbau, der die Entscheidung verursachte. Ich glaubte damals, daß man Diplomingenieur werden sollte, wenn man im Leben etwas erreichen wollte.

Nachdem ich im Sommer 1920 mein Abitur in Oslo (Examen Artium) an der Halling Schule gemacht hatte, wurde ich im Herbst des gleichen Jahres von meinem Vater nach Karlsruhe gebracht, um dort an der Technischen Hochschule Starkstromtechnik zu studieren. Über die Arbeit, die ich später im Leben durchführen würde, hatte ich damals eigentlich noch keine präzise Meinung.

2 Karlsruhe – der Strahlentransformator

Die Technische Hochschule in Karlsruhe, wohl die älteste in Deutschland, die »Fridriciana«, hat einen sehr guten Namen. Unter anderen hatte auch Heinrich Hertz dort gearbeitet und unterrichtet. Ich vermute, daß zu meiner Zeit etwa drei- bis viertausend Studierende in Karlsruhe waren. Man kann also die damaligen deutschen Hochschulen nicht als Studentenfabriken im heutigen Sinne betrachten. Heute sind Studentenzahlen von 20- bis 30 000 oder noch mehr üblich.

Die Verhältnisse zwischen den Studenten und den Lehrern in meiner Karlsruher Zeit waren sehr gut und kollegial. Ich erinnere mich speziell an Professor Schleiermacher, der theoretische Elektrotechnik unterrichtete, ein gemütlicher alter Herr. Wir hatten auch einen sehr guten Professor in Mathematik, Böhm hieß er. In Physik hatten wir Professor Wolfgang Gaede, er war einer der hohen Götter, von uns Studenten etwas mehr entfernt. Alles war aber, wie schon erwähnt, sehr kollegial, und wir hatten keine Schwierigkeiten.

Ich fand den Unterricht sehr gut und ausgeglichen. Professor Richters Vorlesung, »Theoretischer Elektromaschinenbau«, war auch stark durch die Praxis geprägt. Wir lernten eine Menge über Gleichstrommaschinen, Kommutatoren und ähnliche Sachen, die heute fast verschwunden sind. Aber wir hatten auch sehr guten Unterricht in Mathematik, Chemie und Physik. Das Ganze war also recht gut ausgeglichen und auch akademisch geprägt. Es war viel mehr als nur reine Praxis.

Wir hatten einen guten Lehrer in Wasserkraftmaschinen: Spannhake. Er war mehr praktisch eingestellt. In technischer Mechanik hatten wir den Professor Tolle, er war sehr gut, und in Thermodynamik Professor Nusselt.

Das Wichtigste waren die Vorlesungen. Wir hatten keine speziellen Seminare, aber zum Beispiel eine Vorlesung über Einsteins Relativitätstheorie, als freies Fach. Und es gab ausgezeichnete Laboratorien. Hier waren wir in Gruppen eingeteilt. Wir bekamen Aufgaben, die wir unter der Aufsicht von Assistenten lösen mußten. Wir arbeiteten sehr selbständig. Dann mußten wir auch elektrische Maschinen berechnen und konstruieren. Ein vielseitiger und sehr guter Unterricht.

Aber es war wohl schade, daß ich damals nicht mehr Physik studierte. In meiner Karlsruher Zeit war die Zusammenarbeit und die Kommunikation mit den Physikern nicht so gut wie heute. Es gab kaum Kongresse, Symposien und Zusammenkünfte, und ich hatte auch wenig persönlichen Kontakt zu den Physikern. Es gab natürlich auch Vorlesungen über Physik (Gaede), aber zum Beispiel kein Praktikum.

In Karlsruhe habe ich auch meine erste Veröffentlichung verfaßt, zu einem Thema, das gar nichts mit Technik zu tun hat. Als ich 1920 nach Deutschland kam, gab es eine starke Inflation: Die deutsche Mark wurde immer niedriger bewertet. Die Steigerung der Preise führte dazu, daß sich damals alle für Wirtschaft interessierten. Ich zeichnete deswegen Tag für Tag die Werte des US-Dollars auf. Es war aus rein praktischen Gründen. Mein Vater hatte für mich zuerst deutsche Mark gekauft, und nun wollte ich wissen, wann es am günstigsten war, wieder Geld zu wechseln.

Es ergab sich eine Dollar-Kurve, die auf logarithmischem Papier aufgetragen vom Boden bis zur Decke meines Zimmers reichte. Anfangs stieg der Dollarkurs hier etwa geradlinig empor, natürlich mit großen Schwankungen, aber zum Schluß, 1923, stiegen die Kurse so stark an, daß ich dafür doppellogarithmisches Papier verwenden mußte. Während im Januar 1922 ein US-Dollar 192 Mark entsprach, waren es Ende 1923 etwa 4 200 000 000 000 Mark! Diese Kurve gab den Anstoß zu einem Aufsatz in der norwegischen Zeitschrift für Staatsökonomie, der dann 1925 erschien [Wi25]. Später habe ich mich nicht mehr viel darum gekümmert. Aber es war meine erste Publikation.

In Karlsruhe gab es einen Nordischen Club. Etliche Norweger und Schweden und auch einige Studenten aus Finnland waren dabei, sowohl schwedische wie auch finnische Finnen. Auch einer aus Island und ein Däne, Herr Hansen. Wir haben öfters gefeiert, es gab ja viele nationale Feiertage – und Cognac und Schwedenpunsch in reichlichen Mengen.

Einige Namen habe ich noch im Gedächtnis: Ein Norweger hieß Rotheim. Er war der Erfinder der Spraybox, aber das einzige Ziel bei seiner Erfindung bestand darin, Skis mit Wachs zu bespritzen. Als er später nach Norwegen zurückkam, hat er einige solche Sprayboxen machen lassen. Er patentierte sie auch, aber es war wirtschaftlich kein Erfolg, und schließlich starb er.

Dann erinnere ich mich an Jack Nilsen, ein norwegischer Meister im Tennis. Später wurde er Braumeister bei Ringnes. Ich kaufte sein Fahrrad, als er zurückfuhr. Grude von Stavanger war ein großer Baritonsänger. Ein Architektur-Student hieß Björnson-Langen. Seine Mutter, eine Tochter des norwegischen Dichters Björnstjerne Björnson war in erster Ehe mit dem Verleger Langen (Simplicissimus) in München verheiratet. Er war ganz lustig. Und da war auch mein guter Freund Kaare Backer, er wurde Bauingenieur, lebt noch, ist über 92 Jahre alt. Ich besuchte ihn im Februar 1991 bei seiner Diamant-Hochzeit.

Ein einmonatiges Praktikum habe ich in Straßburg gemacht und zwar in einer Motorenfabrik. Dort mußte ich einen Motor selbst wickeln, was doch sehr mühsam war, und dann auch Außenarbeiten durchführen: An einem Mast mußte ich verschiedene elektrische Verbindungen herstellen.

Bei meiner Diplomarbeit, die ich 1924 fertiggestellt habe, ging es um die Spannungsverteilung an Kettenisolatoren für Hochspannungsleitungen. Es gab da verschiedene Probleme. Wir hatten einen Lehrer in Hochspannungstechnik, Prof. Bonte. Er hatte ein Buch geschrieben und in dem Buch verschiedene Berechnungen von Spannungsverteilungen angegeben. Ich hatte gefunden, daß eine von diesen Berechnungen falsch war. In meiner Diplomarbeit war dies mein Ausgangspunkt, und ich korrigierte seine

Fehler. Ich erinnere mich, daß ich die Differenzenrechnung benutzte. Aber dann wollte ich die Sache auch experimentell untersuchen. Ich baute ein Modell eines Hochspannungsmastes im Maßstab 1:100 und setzte es mit Hängeisolatoren in eine Badewanne, die ich als elektrolytischen Trog benutzte, eine Methode, die, nach meiner Erinnerung, damals schon bekannt war. Ich konnte hier die Spannungsverteilung im Wasser ausmessen. Nachdem ich einige Schwierigkeiten mit Oberflächenwiderständen (Silberelektroden) überwunden hatte, funktionierte die Sache ganz gut. Ich bekam für die Arbeit die Note 5,9 (6 war die beste).

Bei der Diplomarbeit erhielt ich in Karlsruhe sehr viel Hilfe. So wurden mir zum Beispiel vorhandene Apparaturen zur Verfügung gestellt, und ich konnte die Werkstatt benutzen. Die Zeitfristen wurden verlängert, wenn dies notwendig erschien.

In Karlsruhe entwickelte ich schon im Herbst 1922 die grundlegenden Ideen für einen »Strahlentransformator«, eine Apparatur, die es erlauben sollte, Teilchen so zu beschleunigen, als hätte man eine sehr hohe elektrische Spannung zur Verfügung, ohne aber dafür die so gefährlichen hohen Gleichspannungen zu benutzen.

Die Frage, die ich mir damals stellte, war, ob sich Elektronen in einer ringförmigen und luftleeren Röhre so benehmen würden, wie wenn sie in einem Kupferdraht der Sekundärspule eines Transformators wären. Eigentlich sollten sie bei Änderungen des Stromes in der Primärspule genauso beschleunigt werden wie die Elektronen in der Sekundärspule des Transformators. Wenn in der Primärspule eines Transformators der Wechselstrom zum Beispiel 50- oder 60mal pro Sekunde seine Richtung ändert, wirkt auf die Elektronen in der Sekundärspule eine Kraft, die sie jeweils in der einen oder anderen Richtung »beschleunigt«. Ein einzelner Beschleunigungsvorgang in einer Richtung findet also in einem Bruchteil einer Sekunde statt, und genau diesen Effekt wollte ich nun besser ausnutzen.

Um die Elektronen, die ja jetzt nicht mehr in einem Kupferdraht eingeschlossen sind, auf einer Kreisbahn zu halten, würde ich ein geeignetes Magnetfeld einschalten, das sich allerdings an die zunehmende Geschwindigkeit der umkreisenden Teilchen anpassen müßte.

Wenn nun die Röhre, die als Sekundärspule des Transformators gedacht ist, genügend luftleer gemacht wird, sollte es kaum elektrischen Widerstand geben. Die Elektronen würden schon innerhalb sehr kurzer Zeit eine extrem hohe Geschwindigkeit erreichen. Sie würde einer Beschleunigung durch eine sehr hohe Spannung entsprechen.

Die Berechnung der Geschwindigkeit der Elektronen war aber gar nicht so einfach. Ich konnte mich schnell davon überzeugen, daß die Elektronen sehr bald in die Nähe der Lichtgeschwindigkeit kommen würden und daß dann die Formeln der klassischen Mechanik nicht mehr anwendbar sind.

Damals war man sich noch nicht ganz sicher, ob die Formeln der Absolut-Theorie von Abrahams oder die Formeln der speziellen Relativitätstheorie von Einstein stimmten. Deswegen habe ich die Bewegung der Elektronen im Strahlentransformator zunächst nach beiden Theorien berechnet. Später habe ich dann nur mehr die Formeln von Einstein benutzt, die mir doch besser erschienen.

Ich kam zu dem Schluß, daß die Beschleunigung innerhalb eines Anstiegs des Wechselstromes, also innerhalb von weniger als einer Hundertstel Sekunde, einem Spannungsstoß von vielen Millionen Volt entsprechen würde. Die relativ kleinen Stöße bei jeder Umdrehung addierten sich eben auf und ergaben am Ende diese große Zahl. Dies war doch ein sehr erstaunliches Ergebnis, da die Größe einer praktisch realisierbaren Apparatur sehr bescheiden sein würde: Die Elektronenbahnen hätten einen Durchmesser von etwa 10 bis 20 cm, wenn man einfach die damals schon vorhandene Technologie zum Bau von Transformatormagneten einsetzen würde.

In meiner ersten Skizze (s. Bild 2.1) habe ich ein flaches Beschleunigergefäß einfach zwischen die Pole eines Magneten gelegt. Damit konnte ich die erreichbare Energie errechnen. In einer etwas später gemachten Zeichnung (s. Bild 2.2) habe ich

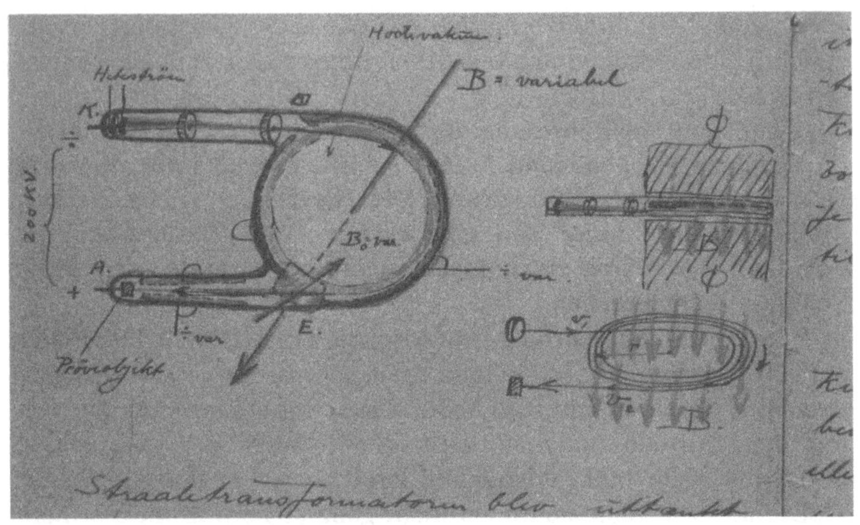

Bild 2. 1: Die erste Skizze des Strahlentransfomators in den Notizbüchern von Rolf Wideröe [Wi23].

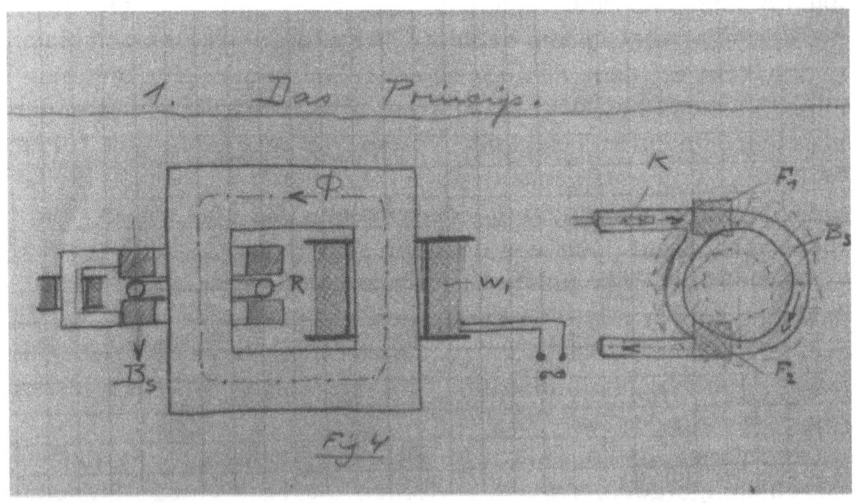

Bild 2. 2: Eine weitere Skizze von Rolf Wideröe zur genaueren Erklärung der Funktionsweise des Strahlentransformators [Wi23].

dann schon berücksichtigt, daß zur Führung der Elektronen auf halbwegs gleichbleibenden Bahnen ein zweites, unabhängiges Magnetfeld nötig ist, das durch eine zweite Spule erregt wird, die in der Zeichnung klar erkennbar ist.

Bei weiteren Überlegungen habe ich bald herausgefunden, daß es einen sehr wichtigen Zusammenhang zwischen dem beschleunigenden Transformatorfeld und dem Führungsfeld (für die Ringbahnen) geben muß, der über den ganzen Beschleunigungsvorgang eingehalten werden muß, wenn man die Kreisbahn immer gleich groß halten wollte. Und zwar sollte das mittlere Feld im Inneren der Kreisbahn (also das »beschleunigende« Feld) immer in einem bestimmten Verhältnis (und zwar genau 2 zu 1) zu dem ablenkenden Feld stehen. Diese Beziehung, die später als die »Wideröe-Beziehung« bekannt wurde, erlaubt es dann sogar, beide Felder mit der gleichen Primärspule zu erregen, was wiederum die ganze Apparatur noch weiter vereinfacht. Das Magnetjoch würde dem eines normalen größeren Transformators entsprechen und könnte also eventuell, wenn die Polschuhe die richtige Form haben, gleichzeitig das Beschleunigungsfeld und das Führungsfeld liefern. Aber so weit war ich bei meinen ersten Überlegungen in Karlsruhe noch nicht gekommen.

Zum Schluß hatte ich so lange über das Prinzip nachgedacht, daß ich selbst überzeugt war, daß es richtig sein müßte – und dies ist wirklich auch der springende Punkt. Man kann also Teilchen mit elektromagnetischen Feldern beschleunigen, ohne dabei hohe Spannungen zu benutzen.

Bis zu der Zeit wurde ja stets die Energie elektrisch geladener Teilchen mittels (statischer) elektrischer Felder »angesammelt«. Man brauchte also immer höhere Spannungen, wenn man höhere Energien erreichen wollte. Aber das, was in so einem Strahlentransformator geschieht, ist etwas ganz anderes, etwas ganz Neues: Die Energie wird hier in Form von Bewegungsenergie der Teilchen angesammelt, man kann sie erhöhen, ohne daß hohe Gleichspannungen vorhanden sind. Und dies ist nach meiner Ansicht der wichtige Grundgedanke für alle weiteren Entwicklungen auf diesem Gebiet und auch für die ganze spätere Technologie der Teilchenbeschleuniger.

Ich sprach damals mit niemandem über meine Ideen und Berechnungen, denn ich verstand, daß es im 5. Semester zu früh war, um an dieser Sache noch weiter zu arbeiten. Ich machte mir einige kurze Notizen darüber (im März 1923), die heute noch in meinen Heften erhalten sind [Wi23]. Etwa die Hälfte meiner Texte sind auf Norwegisch, sonst sind sie auf Deutsch. Aber nachdem ich diese Notizen geschrieben hatte, legte ich alles auf Eis und setzte mein Studium fort. Später wollte ich die Sache dann weiterführen.

Ich hatte zu der Zeit auch keine Information über das, was in anderen Forschungslaboratorien, wie zum Beispiel in England und Deutschland, auf dem Gebiet der Kernphysik geschah, aber ich muß offensichtlich weiter über Rutherfords Kernreaktionen nachgedacht haben und über die Möglichkeiten, dafür bessere Versuchsbedingungen zu schaffen. Jedenfalls habe ich damals schon in einem meiner Hefte eingetragen, daß man »mindestens 10 Millionen Volt und noch bedeutend mehr haben müßte«, um schwerere Atomkerne zu zertrümmern. Die Alphateilchen von Rutherford erreichten ja höchstens 10 MeV. Außerdem sollte man viel mehr Teilchen unter kontrollierten Bedingungen auf die zu zertrümmernden Atomkerne schießen können.

Man müßte nach meiner Meinung eben einen »Strahlentransformator« bauen, um Teilchen auf viel höhere Energien zu beschleunigen oder, in der damaligen Sprache, um die entsprechenden höheren »Spannungen« zu erzeugen. Die Energie der Teilchen hat man nämlich schon damals mit der Spannung bezeichnet, die man brauchen würde, um sie so weit zu beschleunigen, ganz unabhängig davon, wie man sie nun wirklich beschleunigte. Daraus entstanden dann die noch heute benutzten Energieeinheiten Elektronenvolt (eV), Kiloelektronenvolt (keV) und die entsprechenden höheren (MeV, GeV und TeV).

Damals ging ich sogar zu einem Patentbüro in Karlsruhe mit einer Beschreibung des Strahlentransformators und bat, aus meinen Aufzeichnungen eine Patentanmeldung zu machen. Ich hörte aber nichts mehr davon, und als später die Arbeiten für den Strahlentransformator in Aachen schlecht gingen, habe ich die ganze Sache abgeschrieben. Viele Jahre später, es war wohl 1943, also mitten im Krieg, als ich wieder einmal nach Karlsruhe kam, suchte ich das Patentbüro und entdeckte, daß das ganze Viertel, in dem es sich befunden hatte, gar nicht mehr existierte.

Als ich 1924 mit meiner Diplomarbeit und mit der Prüfung in Karlsruhe fertig war, ging ich nach Norwegen zurück. Hier beendete ich erst meine praktischen Arbeiten. Sie bestanden in einem halben Jahr Arbeit in der Lokomotiv-Werkstatt der Norwegischen Staatsbahnen. Und ich erfüllte auch meinen Militärdienst. Dabei habe ich 72 Tage lang 6 Mann und einen Bauern mit Pferdewagen kommandiert! Es war ein sehr schöner Sommer.

Im Herbst 1925 fuhr ich dann wieder nach Karlsruhe. Hier schrieb ich zunächst alle meine Gedanken und Berechnungen über den Strahlentransformator zusammen und ging damit zu Professor Schleiermacher, der ja theoretische Elektrizitätslehre unterrichtete. Er war sehr freundlich zu mir und las mein Manuskript sehr aufmerksam durch. Dann sagte er zu mir: »Hier haben Sie ja ihre ganze Doktorarbeit«. Er hat also die ganze Sache sehr positiv beurteilt.

Danach ging ich zu Prof. Gaede, der ja für Physik zuständig war und zeigte auch ihm mein Manuskript. Als ich ein paar Tage später zu ihm kam, gab er mir eine kalte Dusche. Er meinte, daß diese Apparatur niemals funktionieren würde und daß ich mir die Sache aus dem Kopf schlagen sollte. Selbst mit dem besten damals erreichbaren Vakuum (es war wohl 10^{-6} Millibar) gibt es immer noch so viele Restgasmoleküle, daß die Elektronen auf ihrem langen Weg (sie würden ja in der kleinen Röhre mehrere Millionen Kilometer zurücklegen!) viel zu schnell absorbiert werden, schneller als man sie überhaupt beschleunigen könnte. Das war natürlich sehr traurig für mich, und ich war sehr enttäuscht.

Aber ich wußte, wo ich über das Problem der Absorption der Elektronen in Gasen Auskunft bekommen könnte, nämlich bei

Professor Philipp Lenard, der schon 1905 den Nobelpreis bekommen hatte und der wohl damals in Heidelberg arbeitete. In einem Buch mit dem Titel »Quantitatives über Kathodenstrahlen aller Geschwindigkeiten« waren seine Arbeiten beschrieben [Le18]. Ich fand es in der Bibliothek. Lenard hatte die Streuung und Absorption von Elektronen verschiedener Energie (von zehn bis zu einer Million Elektronenvolt) in Materieschichten gemessen, insbesondere in Luft. Ich zeichnete die Ergebnisse seiner Messungen auf Logarithmenpapier auf und fand eine sehr schöne Kurve für die Absorption als Funktion der Elektronenenergie.

Dementsprechend waren aber Gaedes Vermutungen falsch. Bei höheren Elektronenenergien (etwa über 400 Elektronenvolt) sinken die Absorptionsverluste rasch ab und spielen dann praktisch keine Rolle mehr. Allerdings ergibt sich daraus auch eine untere Grenze für den Anfang der Beschleunigung im Ring. Die Teilchen müssen also mit einer gewissen Mindestenergie eingeschossen werden.

Ich ging aber nicht mehr zu Gaede zurück. Ich war zu dem Schluß gekommen, daß mein ursprünglicher Gedanke, die Doktorarbeit in Karlsruhe durchzuführen, nun nicht mehr realisierbar war. Ich hatte ja vor, einen Strahlentransformator zu bauen oder wenigstens eine Beschleunigungsröhre. Und Gaede hätte das sicher nicht erlaubt. Nach weiteren Überlegungen erschien mir außerdem die in Karlsruhe vorhandene Technik für meine Pläne gar nicht ausreichend.

Damals las ich oft und gerne die Zeitschrift »Archiv für Elektrotechnik«. Hier wurden Arbeiten von Professor W. Rogowski und Dr. Flegler beschrieben, in denen sie sehr schnelle Kathodenstrahloszillographen benutzten, die sie selbst in Aachen entwikkelt hatten. Es war also eine Stätte, wo unter anderem auch die dafür nötige Hochfrequenz- und Hochvakuumtechnik gepflegt wurde. Also die richtige Stelle für mich. Ich schrieb deshalb einen Brief an Professor Rogowski und fragte ihn, ob ich in Aachen bei ihm arbeiten könnte. Ich bekam eine freundliche Antwort. Er schrieb mir, daß er zu einer bestimmten Zeit in die Schweiz auf

Urlaub fahre und daß er auf dem Rückweg über Karlsruhe kommen würde. »Steigen Sie in meinen Zug ein, dann fahren wir zusammen bis Mannheim, und Sie erklären mir alles«.

Ich folgte seinen Anweisungen, und wir fuhren zusammen bis Mannheim. Die Reise dauerte etwa eine Stunde. Ich glaube nicht, daß er sehr viel von meinen Erklärungen verstanden hat, aber ich erwähnte mehrmals, daß ich einen »Transformator« für 6 Millionen Volt bauen wollte, und das faszinierte ihn wohl sehr. Er war ehrgeizig und wollte der Konkurrenz immer eine Nasenspitze voraus sein. So sagte er: »Das klingt sehr gut, kommen Sie zu mir nach Aachen, dann werden wir die Sache schon in Ordnung bringen«.

Ich zog dann nach Aachen. Am Abend vor der Abreise hatten wir ein Riesenfest. Es endete damit, daß wir alle Stühle an die Wand hängten. Ich fuhr mitten in der Nacht oder eher am Morgen mit dem Zug weg. Die Wirtin war sehr entsetzt, als sie sah, wie es in meinem Zimmer aussah, aber das haben meine Freunde dann wieder »ausgebügelt«.

In Aachen wurde ich gut empfangen. Ich habe mich an der Hochschule eingeschrieben, konnte einige Vorlesungen hören und bei Rogowski im Labor arbeiten.

3 Aachen – der erste Linac der Welt

Die Arbeit in Aachen war recht unkonventionell. Mehrere Assistenten und Doktoranden arbeiteten an Untersuchungen von Wanderwellen, an ihrer Eindringung in Transformatorspulen und dergleichen. Dr. Flegler (er wurde später Professor in Peking) war der Erste Assistent.

In Aachen habe ich Ernst Sommerfeld kennengelernt, der bei Rogowski einen kleinen Kathodenstrahloszillographen entwikkelte. Er war der Sohn des berühmten Physikers Arnold Sommerfeld (s. zum Beispiel [Ec93]). Wir wurden sehr gute Freunde und kamen dann im Leben recht häufig zusammen. Er hat sich später auf Patente spezialisiert und wohnte vor dem Krieg in Berlin, wo er bei der Firma Telefunken als Patentanwalt tätig war. Im Krieg wurde er eingezogen und war eine Zeitlang als Fahrer für einen Offizier tätig. Nach dem Krieg übersiedelte er nach München. Dort wohnte er im Hause seines Vaters und hat eine eigene Firma gegründet. Er hat die meisten meiner vielen Patentanträge (es waren ja über 200) betreut und eingereicht.

Ernst hat mich dann oft in Norwegen besucht, und wir haben zusammen viele Touren im Hochgebirge gemacht. Als ich von Ende 1943 bis 1945 in Hamburg war, habe ich ihn mehrmals besucht, und nach Baden kam er dann auch. Leider ist er 1980 an einem Gehirnschlag gestorben. Sein Vater Arnold war vorher Professor in Aachen gewesen und hat dort viele Jahre gearbeitet. Ich vermute, daß dies auch der Grund war, warum Ernst bei Rogowski tätig war. Arnold Sommerfeld ging später nach Berkeley, und über Ernst erfuhr ich deshalb recht früh von den Arbeiten von Lawrence, also über die Entwicklung des berühmten Zyklotrons. Ich habe aber Ernsts berühmten Vater Arnold erst viel später kennengelernt, in Zürich, als sie uns einmal dort besuchten.

Es gab in Aachen besonders gute Vorlesungen über Elektrotechnik von Rogowski und über Aerodynamik von Karman, der aber später nach Kalifornien ging. Wir spielten Tennis mit den Assistenten von Karman. Die größten Abteilungen der Hochschule waren für Metallurgie, hauptsächlich wegen der Industrie und der Gruben im Rheinland. In Aachen war ich übrigens damals der einzige Norweger.

Ich begann sehr bald, den Strahlentransformator zu bauen. Ich glaube, daß meine Werkstattarbeiten damals von der »Notgemeinschaft der deutschen Wissenschaft« bezahlt wurden. In Bild 3.1 ist mein Arbeitsplatz im Keller des Instituts gezeigt. Aus den Maßen ersieht man, wie eng es dort zuging.

Vom städtischen Elektrizitätswerk bekam ich den Eisenkern. Er stammte aus einem relativ kleinen Dreiphasentransformator, etwa einen Meter hoch. Ich schnitt einen Teil des Joches heraus, um einen einfachen Eisenkreis zu erhalten, also einen Zweiphasen-

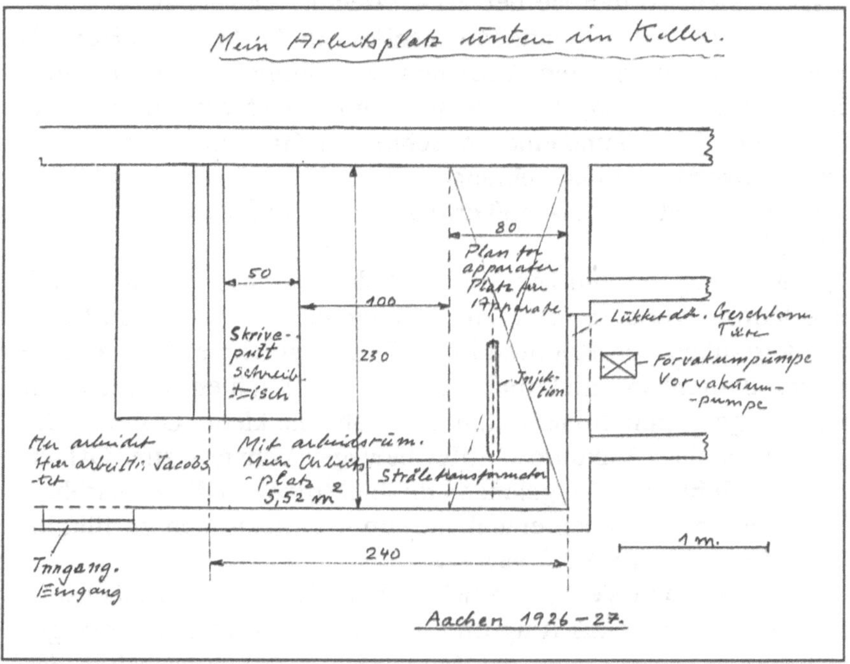

Bild 3.1: Wideröes Arbeitsplatz in Aachen

transformator, und trennte dann das Joch durch, so daß oben zwei Pole entstanden. Zwischen den beiden Polflächen baute ich nun mit kleinen Eisenplättchen Induktionspole und Steuerpole ein. Zeichnungen sind in den Bildern 3.2 und 3.3 zu sehen. Sie stammen aus meiner Dissertation.

Die Pole waren so gestaltet, daß während des ganzen Beschleunigungsvorganges die Magnetfelder im beschleunigenden und im ablenkenden Teil meiner 2:1-Beziehung folgten, die ich schon in Karlsruhe gefunden hatte und die nach mir benannt wird. Außerdem hatte ich dabei natürlich die Vereinfachung genutzt, die sich aus dieser Beziehung ergibt: Das beschleunigende und das ablenkende Feld wurden von der gleichen Spule erregt. Das richtige Verhältnis ergibt sich aus der Form der Magnetpole. Und ich hatte die Felder zwischen den Polen ziemlich genau mit Probespulen ausgemessen, so daß sie der 2:1-Beziehung entsprachen.

Wir hatten einen tüchtigen Glasbläser in Aachen. Die Herstellung der vakuumdichten Ringröhre war nämlich nicht ganz einfach. Sie hatte einen Durchmesser von etwa 15 cm, einen Querschnitt von 15 mm und einen Anschluß mit Glasschliff, an den die Einschußvorrichtung angebracht wurde. Die Röhre war senkrecht aufgestellt, und der Einschuß erfolgte von oben, wie in Bild 3.2 zu sehen ist.

Zur Erzeugung und zum Einschuß der Elektronen benutzte ich eine Konstruktion, die sich eng an diejenige der Kathodenstrahloszillographen von Rogowski und Flegler anlehnte. Es war eine relativ brauchbare Elektronenspritze: Die Strahlen wurden mit einer langen Spule fokussiert, und es gab eine kleine Öffnung, die ich mittels eines Vakuumschliffes bewegen konnte – zum Öffnen und zum Schließen. So gelangen die Elektronen in die Kreisröhre. Ich hatte einige Spulen eingebaut, um die Elektronen zu führen. Auch dies ist in Bild 3.2 gezeigt.

Bei den ersten Versuchen habe ich die Elektronen zunächst in die ausgepumpte Glas-Ringröhre bei einem schwachen Anfangsfeld eingeschossen, dann das Magnetfeld durch Einschalten des Gleichstroms in den Spulen stark erhöht und dabei versucht, einige

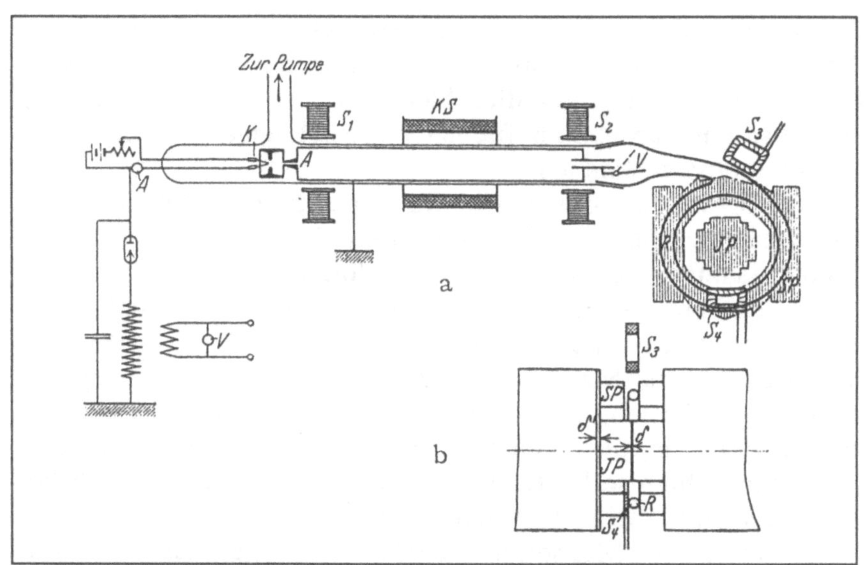

Bild 3.2: Darstellung des Aachener Strahlentransformators [Wi28].

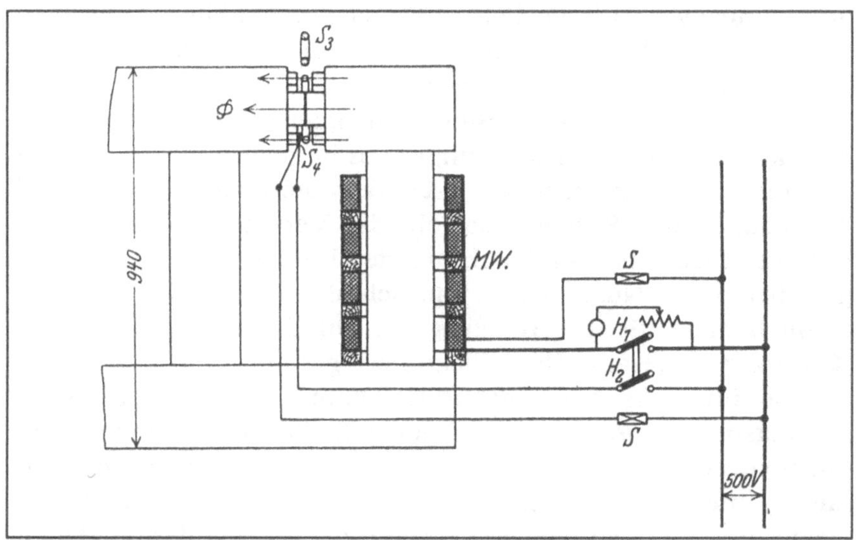

Bild 3.3: Die Versuchsanordnung des Strahlentransformators [Wi28].

der beschleunigten Elektronen zu beobachten. Die Innenwände der Glasröhre waren mit einem fluoreszenten Stoff bestreut (es war Kalziumwolframat), der aufleuchten sollte, wenn er von Elektronen getroffen wurde. So hoffte ich, den Strahlengang der Elektronen verfolgen zu können.

Die Elektronen sollten theoretisch bis zu 6,8 MeV Energie erreichen, was also der Energie entspricht, die man bei einer Gleichspannung von 6,8 Millionen Volt erhalten würde. Nun mußte ich aber die Elektronen aus ihrer Sollbahn herausführen, also »extrahieren«, wenn man es so nennen darf. Ich hatte eine Sicherung für die Magnetspulen eingebaut. Bei der Stromspitze schaltete die Sicherung den Erregerstrom ab und gleichzeitig eine andere Spule ein, die somit die Elektronen gegen die Wände der Kreisröhre führen sollte. Es war also alles recht primitiv. Ich habe es in meinen Notizbüchern genau beschrieben.

Ich erhöhte den Magnetfluß viele Male. Dies geschah durch das Schließen eines Schalters, der auch in Bild 3.3 gezeigt ist. Ich konnte aber keine beschleunigten Elektronen (durch Fluoreszenz an der Innenwand) feststellen. Natürlich war die Fluoreszenz eine recht unempfindliche Methode, und ein guter Physiker hätte sich sicher etwas Besseres ausgedacht.

Später hat sich herausgestellt, daß man durch Erregung der Magnetfelder mit Wechselstrom, wie es in meinen ursprünglichen Skizzen auch vorgesehen war, (statt dem umständlichen Ein- und Ausschalten des Stromes) sowohl die Versuchsanordnung wie auch den Nachweis von beschleunigten Elektronen viel einfacher gestalten kann. Nun, so weit kam ich allerdings nicht. Ich hatte nämlich nicht für die Ableitung der auf den Innenwänden der Kreisröhre angesammelten Elektronen gesorgt.

Wie ich sehr bald feststellte, spielten hier elektrische Ladungsinseln, die sich an bestimmten Stellen auf der Innenwand bildeten, eine wichtige Rolle. Diese Inseln entstanden dort, wo falsch laufende Elektronen die Wand trafen. Sie verursachten eine Gegenspannung und reduzierten somit die Energie der injizierten Elektronen um etwa 1/3. Ich mußte deshalb die magnetischen

Steuerfelder beim Einschuß entsprechend reduzieren. Ich hatte eine kleine Hoffnung, daß die Wandladungen stabilisierende Kräfte erzeugen könnten, aber das schien nicht der Fall zu sein. Es gelang mir dann jedoch, die Elektronen etwa eineinhalbmal in der Kreisröhre herumzuführen.

Wenn ich meine Erfahrungen, sowohl in Hamburg 1943-44, wie auch bei BBC in Baden (nach 1946) zum Vergleich heranziehe, kann ich folgendes sagen: Es war nicht nur die fehlende Ableitung der Wandelektronen durch einen leitenden Wandbelag, die der Maschine den Erfolg versagten. Die Form des Eisenkerns (also das dadurch erzeugte Magnetfeld) und der weiteren magnetischen Eisenteile war viel zu primitiv und vollkommen unzureichend für die hohen Anforderungen, die ein gut funktionierender Strahlentransformator (der ja dann später Betatron genannt wurde) stellt. Genauer ausgedrückt: Die erst später genau berechneten Stabilitätsbedingungen für die Bahnen der Elektronen waren bei meiner Aachener Anlage gar nicht erfüllt. Auch die Injektion war recht ungenügend. Kurz und gut, es war ein reines Glück für mich, daß ich die Versuche mit dem Strahlentransformator damals nicht weiterführte, sondern sofort abbrach. Meine eigenen Erfahrungen und auch die Voraussetzungen in Rogowskis Labor reichten dafür einfach nicht aus.

Als ich nun mit der Maschine keinen Erfolg hatte, berichtete ich dies Rogowski. Er sagte, er könne mir doch keinen Doktorgrad erteilen für etwas, was nicht funktionierte. Das verstand ich sehr wohl; ich mußte also etwas bauen, was funktionierte. Und dazu hatte ich auch schon eine Lösung im Sinne.

Bei Literaturstudien in Karlsruhe hatte ich einen Aufsatz von Professor Gustav Ising in der schwedischen Zeitschrift »Archiv för Mathematik, Astronomie och Fysik« [Is24] gelesen, in dem er vorschlug, Elektronen in einer geradlinigen Vakuumröhre durch mehrere Metallröhren (»Elektroden«) zu führen, in denen eine sogenannte »Wanderwelle« durch hochfrequente Wechselspannungen angeregt wurde. Dabei wurde die Spannung an den verschiedenen Elektroden durch geeignete Verzögerungsleitungen zugeführt. Bild 3.4 zeigt die Originalzeichnung aus Isings Arbeit. Die Teilchen könnten beschleunigt werden, wenn sie gewissermaßen »auf der Wellenfront« in Isings Röhre reiten würden. Ich hatte mir dies schon damals gemerkt und dachte, daß ich daraus vielleicht einmal etwas Brauchbares machen könnte, vor allem, wenn der ringförmige Strahlentransformator eventuell nicht funktionieren sollte.

Ich verstand aber damals schon etwas von Wanderwellen und von den vielen Problemen, die dabei auftreten können. Die von Ising vorgeschlagenen Elektroden, so wie sie in seiner Publikation skizziert waren, hätten die Wanderwelle reflektiert, und es war mir klar, daß dann keine beschleunigende Spannung entstehen konnte. Der Grundgedanke als solcher war aber sehr interessant. Daraus entwickelte ich dann die sogenannte »Driftröhre«, die mit Hochfrequenzspannung erregt wurde und mit der man, bei geeigneter Frequenz und Länge, elektrisch geladene Teilchen gleich zweimal

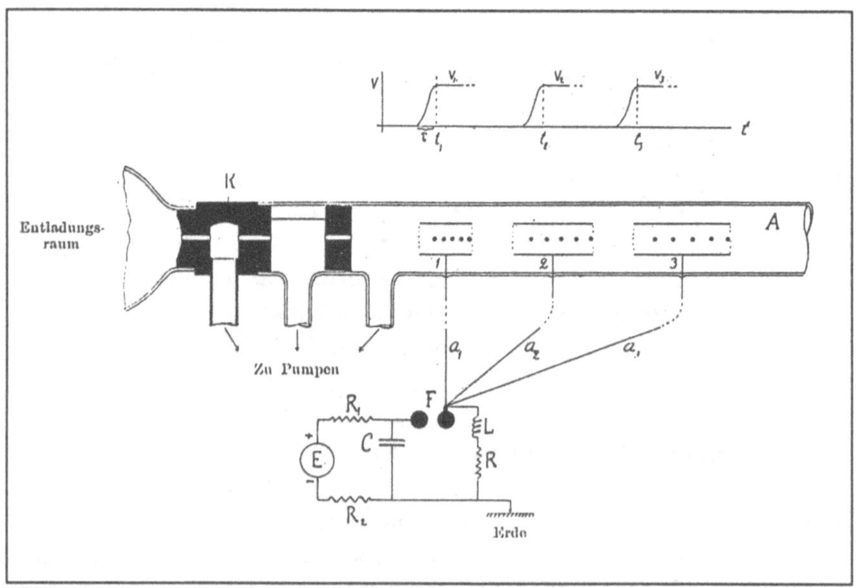

Bild 3.4: Der Linac-Vorschlag von Ising [Is24].

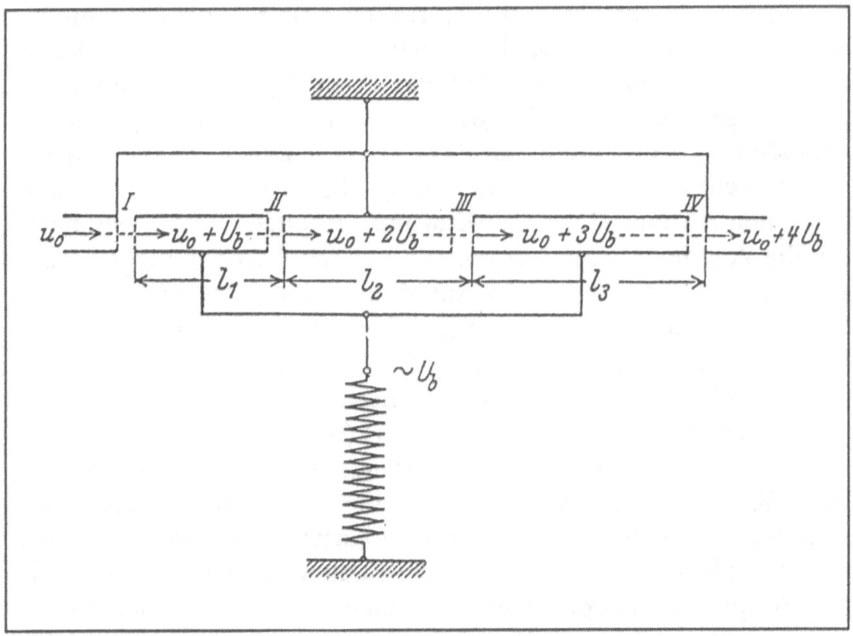

Bild 3.5: Prinzip der Driftröhre, wie es in Wideröes Dissertation dargestellt ist [Wi28].

mit derselben Spannung beschleunigen konnte, nämlich einmal beim Eintritt des Teilchens in die Röhre, und ein zweites Mal beim Austritt (s. Bild 3.5). Denn zwischendurch würde die Spannung an der Röhre ja umgepolt, und davon merken die Teilchen, die sich in der Röhre befinden, so gut wie gar nichts.

Elektronen eignen sich nicht gut, um in solch einer Anordnung beschleunigt zu werden. Ihre Geschwindigkeit wird schon sehr bald so hoch, daß die Röhre sehr lang sein müßte oder die Frequenz für die Umpolung der Spannung sehr hoch. Damals (1927) war es aber noch nicht möglich, sehr hohe Frequenzen für solch eine Apparatur zu erzeugen; maximal waren es vielleicht einige Megahertz.

Deshalb beschloß ich, das Prinzip der Driftröhre mit schwereren Teilchen auszuprobieren, die sich ja wesentlich langsamer bewegen. Ich entschied mich, Kalium- und Natriumionen zu benutzen, also Atome der Elemente Kalium und Natrium, denen einige Elektronen fehlten und die dementsprechend elektrisch positiv geladen sind. Es handelt sich also um sogenannte »Anodenstrahlen«, die in der Physik schon länger bekannt waren.

Ein Tennisfreund vom Metallurgischen Institut half mir und baute den Aktivator für die »Kunsman-Anode«, die ich benutzte, um die Anodenstrahlen für meinen kleinen Beschleuniger herzustellen. Der Bau der ganzen Anordnung war dann recht einfach. Sie war in einer 88 cm langen Glasröhre untergebracht. Ein Schema der Anlage ist in Bild 3.6 (aus meiner Doktorarbeit) gezeigt. Wenn ich mich richtig erinnere, hat der ganze Beschleuniger höchstens vier- oder fünfhundert (damalige) Mark gekostet.

Die Ionen wurden mit relativ geringer Geschwindigkeit in die Driftröhre geschickt. Beim Eintritt erhielten sie einen Spannungsstoß von bis zu 25 000 Volt und beim Austritt einen zweiten, etwa gleich großen, weil dazwischen die Spannung genau zum richtigen Zeitpunkt umgepolt wurde. Danach wurden die Ionen erst in einer zweiten, nicht mit hochfrequenter Spannung erregten (also geerdeten) Röhre weitergeleitet und dann zwischen zwei elektrisch geladene Platten geführt, in denen sie, je nach ihrer Geschwindigkeit, mehr oder weniger abgelenkt wurden. Schließlich gelangten sie auf empfindliche Fotoplatten, die man damals auch für Röntgenaufnahmen benutzte. Die beschleunigten Teilchen »belichteten« die Bromsilberkörner der Emulsion (genau wie Licht) und bildeten darauf dünne Streifen, die ich nach der Entwicklung ausmessen konnte.

Nach einigen Eichmessungen wurde für jede eingestellte Beschleunigungsspannung die Endenergie der Ionen mit den Röntgenplättchen genau bestimmt. Die Messungen mit Kalium- und Natriumionen zeigten, daß alles genau nach Wunsch funktionierte: Die Ionen wurden von der gleichen hochfrequenten Wechselspannung tatsächlich zweimal beschleunigt und erreichten schließlich eine Geschwindigkeit, für die man sonst ganze 50 000 Volt gebraucht hätte!

Damit war also zum ersten Mal bewiesen, daß es möglich ist, elektrisch geladene Teilchen mit hochfrequenter Wechselspannung mehrmals zu beschleunigen. Man kann also Teilchen so beschleunigen, als hätte man eine sehr hohe Spannung, ohne jedoch eine entsprechende Hochspannungsanlage zu benutzen. Es gab auch keinen Grund, daran zu zweifeln, daß man meine Prozedur beliebig oft wiederholen könnte, um die Teilchen in einer Reihe solcher »Driftröhren« auf noch viel höhere Energie zu beschleunigen. Im Prinzip könnte man sie immer weiter »verlängern«, um noch höhere Energien zu erreichen. Tatsächlich gibt es heute einen solchen Geradeaus-Beschleuniger an der Universität Stanford in Kalifornien, der im Laufe der Jahre auf etwa 5 km verlängert wurde. Er beschleunigt Teilchen so, als hätte man 50 Milliarden Volt zur Verfügung. Meine kleine Apparatur in Aachen war der erste Vorläufer dieser Art von Beschleunigern, die man heute kurz »Linac« nennt.

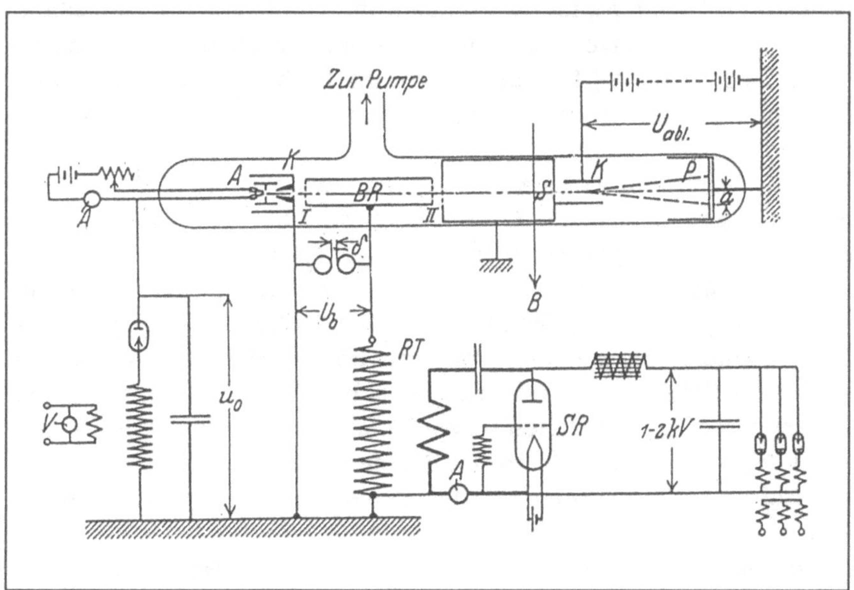

Bild 3.6: Beschleunigungsrohr und benutzte Schaltung [Wi28].

Ein wichtiges Detail muß ich aber hier noch hervorheben. Mit der Driftröhre hatte man zum ersten Mal ein Beschleunigungssystem zur Verfügung, das auf beiden Seiten, also beim Eintritt und beim Austritt der Teilchen, auf Erdpotential liegt, und trotzdem auf die Teilchen genauso wirkt, wie wenn darin ein starkes elektrisches Gleichspannungsfeld vorhanden wäre. Diese Tatsache ist keineswegs trivial. Man könnte sogar naiv erwarten, daß beim Umpolen der Spannung an der Driftröhre die darin fliegenden Teilchen wieder abgebremst werden, was also ganz klar nicht der Fall ist.

Nachdem ich bewiesen hatte, daß solche, auf beiden Seiten geerdete Strukturen, in denen sogar mehrmals beschleunigt wurde, prinzipiell realisierbar sind, wurden noch viele andere Systeme ähnlicher Art erfunden. Über einige davon möchte ich später noch etwas erzählen.

Genaue Nachbildungen meiner kleinen Aachener Anlage stehen heute in verschiedenen Museen, und zwar im Deutschen Museum (München), im Deutschen Röntgenmuseum in Remscheid (Lennep), im Norwegischen Radiumspital in Oslo, im Norwegischen Technischen Museum (Oslo), im Technorama der Schweiz in Winterthur und in der Smithsonian Institution, Washington DC, USA.

Die Nachbildungen sind allerdings etwas schöner als das von mir in Aachen gebaute Original. Diese Modelle (sie sind mit einigen Ergänzungen sogar funktionsfähig) wurden 1982 in der Werkstatt des Radiumspitals in Oslo hergestellt. Den Bau hatte nämlich mein Freund, der Physiker Olav Netteland, angeregt, der dort arbeitete. Er hat aber vor dem Beginn der Arbeiten einen schweren Schlaganfall erlitten. So haben wir erst versucht, die Modelle bei BBC in Baden bauen zu lassen, was sich aber als viel zu teuer erwies. Schließlich wurden sie dann von einem Lehrling im Radiumspital Oslo angefertigt, genau nach meinen Anweisungen.

Die mit hochfrequenter Wechselspannung erregte Driftröhre war aber tatsächlich die große Erfindung. Besonders in Verbindung mit den daraus entstandenen Ideen zum Zyklotron und zum

Synchrotron bildete sie die Grundlage für die weitere Entwicklung der Teilchenphysik mit Hochenergiebeschleunigern.

Das Prinzip des »Synchrotrons« zum Beispiel, mit einer gebogenen Driftröhre, habe ich später, am 31. Januar 1946, als Patent in Norwegen angemeldet [Wi46]; es ist als Faksimile im Anhang 2 wiedergegeben. Desweiteren entstanden aus der ursprünglichen einfachen Driftröhre alle späteren Varianten von Beschleunigungsstrecken, die sowohl in kreisförmigen wie auch in linearen Maschinen eingesetzt werden. Es war natürlich ein großer Fehler von mir, daß ich die Driftröhre damals in Aachen nicht gleich zum Patent anmelden ließ.

Rogowski kümmerte sich kaum um meine Arbeiten. Ich glaube nicht, daß er meinen Linac überhaupt je gesehen hat. Es wurde erwartet, daß die Doktorarbeit in einer Zeitschrift publiziert wird. Ich hatte keine Schwierigkeiten mit der Zeitschrift »Archiv für

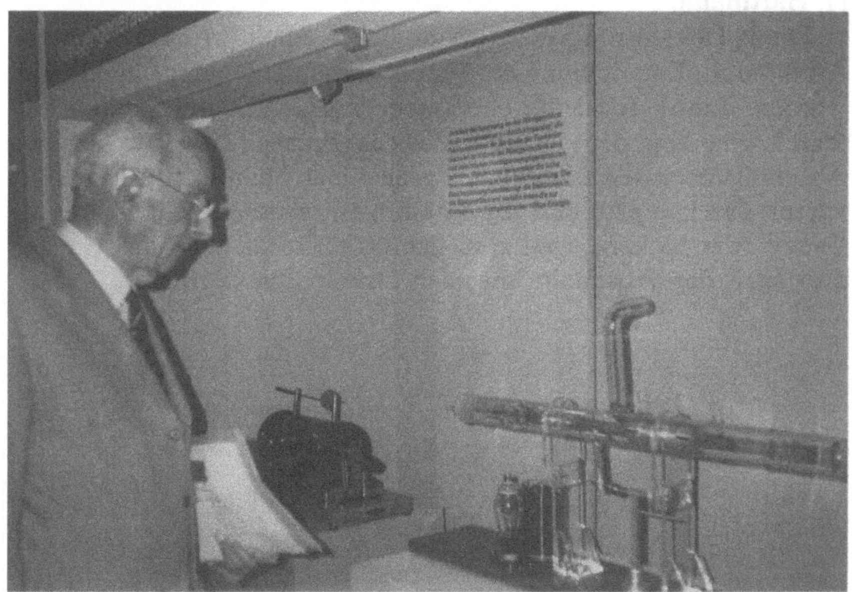

Bild 3.7: Rolf Wideröe vor dem Linac-Modell im Deutschen Röntgenmuseum in Remscheid, fotografiert von Ragnhild Wideröe.

Elektrotechnik« [Wi28]. Die Veröffentlichung ist mit der Doktorarbeit fast identisch; nur die Angabe der Lenardkurven fehlt. Ich wurde von Rogowski und von Prof. L. Finzi (Physik) geprüft. Da gab es auch keine Probleme.

Eine Doktorarbeit zu schreiben, ist nicht so einfach. Ich bekam keine Anweisungen und habe alles selbst verfaßt. Ich habe in meiner Doktorarbeit auch einige Methoden und Prinzipien erwähnt, um mit Potentialfeldern höhere Spannungen zu erreichen, zum Beispiel Marxgeneratoren (eine Parallel-Serienschaltung von Kapazitäten) und ähnliche Apparaturen. In der Doktorarbeit sind leider einige Druckfehler enthalten, die aber in der englischen Übersetzung, die erst etwa 1965 gemacht wurde, ausgebessert wurden. Ich war damals Berater bei DESY, und beim Übersetzen haben mir viele Leute geholfen, wie ich mich genau erinnern kann, so zum Beispiel G. E. Fischer, F. W. Brasse, H. Kumpfert und H. Hartmann.

Diese Übersetzung erschien in einem Buch, in dem wichtige Arbeiten zur Entwicklung der Teilchenbeschleuniger nachgedruckt wurden [Li66]. Ich hatte dabei aber einige Schwierigkeiten mit Stan Livingston, dem Herausgeber des Buches. Er wollte nur den Abschnitt über den funktionierenden Linac abdrucken. So mußte ich mit ihm kämpfen und sagte zu ihm: »Entweder Sie nehmen das Ganze oder nichts«. Und zum Schluß nahm er doch das Ganze, also auch den Abschnitt über den Strahlentransformator.

4 Das Zyklotron und andere Entwicklungen

Jetzt möchte ich aber noch etwas über die Arbeiten von Ernest Lawrence in Amerika erzählen. Lawrence war norwegischer Herkunft. Seine Familie hieß ursprünglich Larsen. Es war ein sehr interessanter Mensch, temperamentvoll, eigensinnig und voll Begeisterung. Er hatte außerdem einen ausgeprägten Drang zum Abenteuer.

Lawrence erzählte mir einmal, daß er in Berkeley auf einem Kongreß war (es muß wohl 1928 gewesen sein), und als die Verhandlungen recht langweilig wurden, ging er in die Bibliothek. Hier fand er meine Doktorarbeit in der Zeitschrift »Archiv für Elektrotechnik« und schaute sich die Bilder und Formeln an – weil er kaum oder vielleicht sogar gar kein Deutsch konnte. Aus den Bildern verstand er sofort mein Prinzip der Driftröhren. Es war aber ein großer Vorteil, daß er kein Deutsch konnte: Gewisse Bedenken zur fehlenden Stabilisierung der Bahnkurven in Ringbeschleunigern, die in meiner Arbeit stehen, hat er nicht verstanden.

Lawrence, der im damaligen »Radiation Laboratory« in Berkeley bei Los Angeles in USA arbeitete, baute daraufhin zusammen mit David Sloan (einem seiner Studenten) zunächst einen Linearbeschleuniger für Quecksilberionen mit insgesamt 15 und später noch mehr Driftröhren [La31a], genau nach dem Prinzip, das in Bild 3.5 skizziert ist. Er konnte damit seine Ionen bis auf 1,3 MeV Energie beschleunigen, also so, als hätte er 1,3 Millionen Volt zur Verfügung, obwohl er nur 48 000 Volt Wechselspannung hatte. Es war eine großartige Leistung!

Schon während dieser Arbeiten hat Lawrence aber vorgeschlagen, die Driftstrecke in eine D-förmige Dose zu verwandeln und die Bahnen der Teilchen mit Hilfe eines Magnetfeldes zu einer

Bild 4.1: Schema des ersten Zyklotrons von Lawrence und Livingston [La31b] [Li62].

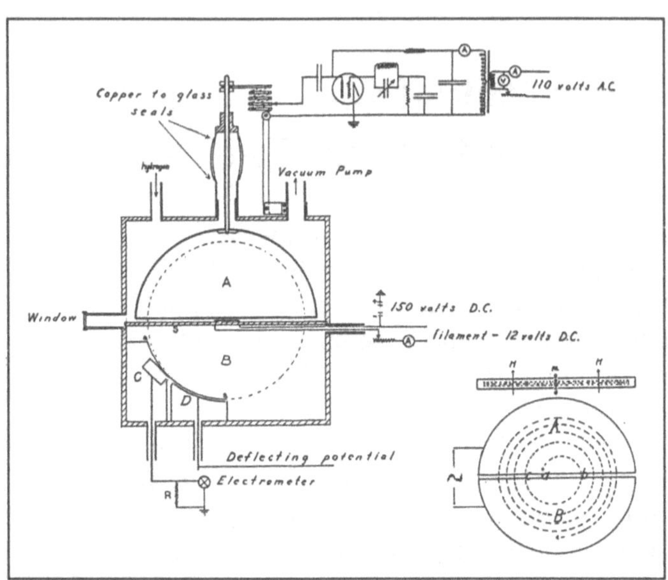

Bild 4.2: Foto der erhaltenen Teile des ersten Zyklotrons von Lawrence und Livingston [La31b] [Li62].

Spirale »aufzuwickeln«. Somit hatte er das berühmte »Zyklotron« erfunden.

Er hatte nämlich entdeckt, daß die Bahnen der Teilchen bei zunehmender Energie zwar einen immer größeren Radius haben, aber aufgrund ihrer höheren Geschwindigkeit immer genau die gleiche Zeit pro Umlauf benötigen. Die Frequenz der beschleunigenden Spannung konnte also (allerdings nur, solange die klassische Mechanik genügend genau gilt) praktisch konstant bleiben, was die Anlage ja sehr vereinfachte. Mit seinem Studenten N. E. Edlefsen [La30] hat er diese Ideen veröffentlicht, obwohl die ersten Tests gar nicht erfolgreich waren. Er war sich seiner Sache sehr sicher!

Ich muß an dieser Stelle aber berichten, daß schon vorher Dr. Flegler, Rogowskis Assistent in Aachen – es war wohl 1926 – den gleichen Gedanken gehabt hat. Bei einem Treffen, in dem wir unsere Arbeiten diskutierten, fragte Flegler, ob man die Ionenbahnen nicht zu einer Spirale aufwickeln könnte. Ich habe damals geantwortet, daß es sehr schwer sein würde, die Bahnkurven zu stabilisieren. So habe ich es später auch in meiner Dissertation geschrieben. Und damit wurde damals Fleglers Vorschlag für ein Zyklotron aufgegeben, ich habe gewissermaßen die Idee getötet.

Lawrence dagegen hat dann mit Stan Livingston (ein anderer seiner damaligen Studenten) die gleiche Idee weiter verfolgt und schon 1930 das erste funktionierende Zyklotron für Protonen hergestellt [La31b]. Sie hatten nur einen 4-Zoll-Magneten aus den Laborbeständen zur Verfügung und konnten mit der kleinen Anlage Wasserstoffionen bis auf bescheidene 80 keV beschleunigen. Aber das Prinzip konnten sie dabei vollkommen bestätigen. Livingston hat damit seinen Ph.D.-Titel bekommen.

Mit ihrem zweiten Zyklotron, das schon einen Magnetdurchmesser von 10 Zoll hatte, konnten sie Protonen bis auf 1 MeV beschleunigen und auch Experimente durchführen. Damit haben sie (zusammen mit M. G. White) die von Cockroft und Walton einige Monate vorher in England beobachteten »künstlich erzeugten« Kernzertrümmerungen bestätigt. Das dritte Zyklotron hatte

Kasten 2

Zyklotrons und Synchrozyklotrons

Zyklotrons wurden die Arbeitswerkzeuge für die Kernphysik. Sehr viele davon wurden auf der ganzen Welt gebaut. Man kann damit Atomkerne zertrümmern, genau wie es Wideröe in seiner Jugendzeit geträumt hatte. Aber man kann damit auch neue Isotope in brauchbaren Mengen erzeugen und viele grundlegende Forschungsarbeiten durchführen. Die Energie der beschleunigten Protonen (für Elektronen sind Zyklotrons nicht gut geeignet) erreichte leicht 40 MeV, und man konnte damit auch schwerere Atomkerne beschleunigen. Besonders wichtig war die hohe Teilchenzahl, die mit Zyklotrons beschleunigt werden konnte.

Als man dann versuchte, mit Zyklotrons höhere Energien zu erreichen, ergaben sich Schwierigkeiten, weil die Gleichungen der klassischen Mechanik nicht mehr gültig sind: Man muß schon die genaueren Formeln der speziellen relativistischen Mechanik von Einstein heranziehen. Und dann funktioniert die ursprüngliche Idee von Lawrence mit der konstanten Frequenz nicht mehr. Bei den größeren Radien der Teilchenbahnen muß die Frequenz verändert werden, sie muß der relativistischen Geschwindigkeit der Teilchen angepaßt werden. Dies ist im Prinzip möglich, aber dann stimmt die Frequenz für die Teilchen im inneren Bereich nicht mehr. Man kann also nur »schubweise« relativ kleine Pakete von Teilchen beschleunigen und muß dabei die Frequenz genau anpassen; die Zahl der insgesamt so beschleunigten Teilchen wird um etwa einen Faktor Hundert reduziert. Aber das wurde in Kauf genommen, um höhere Energien zu erreichen. Es wurden später solche Beschleuniger gebaut, sogenannte »Synchrozyklotrons«, für Energien von mehreren hundert MeV.

Das Synchrozyklotron in Dubna (frühere UdSSR) zum Beispiel, das 1954 in Betrieb genommen wurde, erreichte eine Energie von 680 MeV und hatte einen riesigen Magneten, der 7 200 Tonnen wog. Aber es gab auch viele nicht ganz so große Synchrozyklotrons, an denen wichtige Forschungsarbeiten durchgeführt wurden. Künstlich erzeugte Mesonen konnten systematisch untersucht werden, womit der Bereich der Kernphysik schon verlassen war und es sich um den nächsten Schritt handelte, nämlich um die Teilchenphysik. Das Synchrozyklotron (»SC«) des CERN in Genf hat von 1958 an funktioniert, und mehreren Generationen von Teilchen- und Kernphysikern gedient.

schon 27 Zoll Durchmesser und beschleunigte im Jahr 1934 Deuterium-Kerne (das Deuterium war erst 1931 entdeckt worden) bis auf 5 MeV, was also 5 Millionen Volt entsprach – auch hier, ohne dabei eine so hohe Spannung zu benutzen!

Danach baute Lawrence noch mehrere sehr erfolgreiche Zyklotrons. Und schließlich erhielt er dafür 1939 den Nobelpreis. Es war der Anfang der Entwicklung großer Beschleuniger für die Kern- und Teilchenphysik bei hohen Energien.

Mit dieser Art von Maschinen habe ich mich aber nicht besonders beschäftigt, zum Teil, weil ich zur Zeit ihrer Entwicklung gerade auf einem ganz anderen Gebiet tätig war. Aber ich habe ihre Entstehung und die erzielten Fortschritte immer sehr genau verfolgt und war zu dem Schluß gekommen, daß es nicht der beste Weg war, um zu noch höheren Energien zu gelangen. Die Spiralbahnen der Teilchen in diesen Beschleunigern erfordern nämlich ein Magnetfeld über eine große Fläche, das am besten durch ein Eisenjoch erzeugt wurde. Dies war kein großes Problem, solange die Energien nicht zu hoch waren. Für höhere Energien kam man aber dann bald zu einer Grenze, die durch den Magneten selbst gegeben war, durch sein Gewicht und durch seinen Preis. Auch mein Strahlentransformator hatte dieses Problem: Wenn man damit höhere Energien erreichen wollte, wurde der Magnet viel zu groß.

Aber ich hatte die Hoffnung, die Teilchen, wie im Strahlentransformator, in einer relativ dünnen kreisförmigen Röhre zu halten (was gegenüber den riesigen »D-Dosen« der Zyklotrons höherer Energie gewisse Vorteile hat), und sie dabei auch noch zu beschleunigen. Meine Gedanken gingen also eher in diese Richtung. Aber das blieben Träume, und damit habe ich mich ernsthaft erst wieder beschäftigt, als ich später, aus rein persönlichen Gründen, wieder Zeit dafür fand, und das war erst im Jahr 1946.

Aber neben den Zyklotrons von Lawrence gab es in den dreißiger Jahren noch einen ganz anderen, auch sehr wichtigen Fortschritt. Er ist dem amerikanischen Physiker Louis Alvarez zu verdanken, der auch im Radiation Laboratory in Berkeley arbeite-

Kasten 3

Von der Driftstrecke zur Runzelröhre

Nach dem Vorbild der Alvarez-Tanks hat man bald besonders geformte, meist zylindrische Kästen entwickelt, die mit Hochspannung zum Schwingen angeregt werden können. Man nennt sie »Resonatoren«. Da sie an beiden Seiten auf Erdpotential festgehalten werden, entsteht im Inneren eine stehende Welle, die elektrisch geladene Teilchen beschleunigt, wenn sie im richtigen Augenblick durchfliegen.

So werden heute viele Beschleunigungsstrecken gebaut, die in geraden, aber hauptsächlich in ringförmigen Maschinen (Synchrotrons und Speicherringen) eingesetzt werden. Die Beschleunigung entspricht mehreren Hunderttausend Volt pro Längenmeter Resonatorstruktur. Sie können im Dauerbetrieb eingesetzt werden. Heute werden auch Resonatoren eingesetzt, deren innere Oberfläche auf 4 K gekühlt und somit supraleitend wird. Dadurch erreicht man eine höhere Beschleunigungsspannung (einige Millionen Volt pro Meter im Dauerbetrieb) und wesentlich geringere Wärmeverluste.

Daneben wurde aber noch eine zweite Art von Beschleunigungsstrecken entwickelt. In ihnen wird die hochfrequente Spannung an einem Ende eingeführt und auf dem anderen wieder herausgeführt. Im Inneren bildet sich dann eine Wanderwelle, die auch in der Lage ist, elektrisch geladene Teilchen, die zur richtigen Zeit durchfliegen, zu beschleunigen. Dies entspricht dem ursprünglichen Gedanken von Ising, der aber nur durch eine genaue Formgebung der inneren Oberfläche der Röhre realisierbar ist. Solche sogenannten »Runzelröhren« werden hauptsächlich in Linearbeschleunigern eingesetzt. Hier wurden Beschleunigungen von 17 MeV pro Meter in kilometerlangen Anlagen realisiert, und fast doppelt so viel in kleineren. Man hofft, mit supraleitenden Beschleunigungsstrecken auf noch höhere Werte zu kommen. In Linacs werden relativ lange Erholungspausen eingelegt, sie werden »gepulst« betrieben

Voraussetzung für den Betrieb all dieser Beschleunigungsstrecken ist die Hochfrequenztechnologie, die auch für die Radar- und Fernsehanlagen entwickelt wurde. Sender extrem hoher Leistung im Frequenzbereich von 300 bis mehreren Tausend MHz werden hier eingesetzt. Dabei werden sehr große Senderöhren, sogenannte Klystrons, benutzt, aus denen durch besonders dimensionierte Hohlleiter (statt Kabel) die elektromagnetischen Wellen in die Beschleunigungsstrecken geleitet werden.

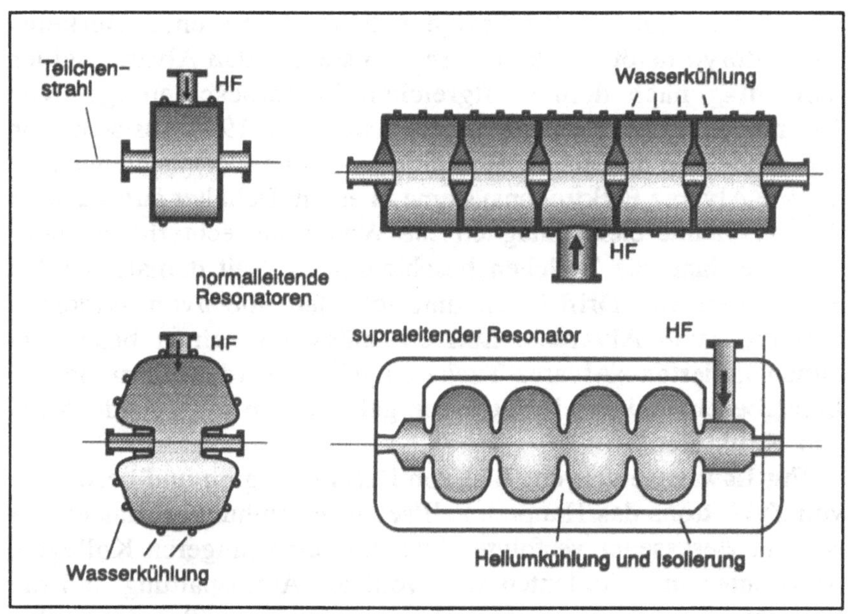

Bild 4.3: Verschiedene Arten von Resonatoren, die in Teilchenbeschleunigern benutzt werden.

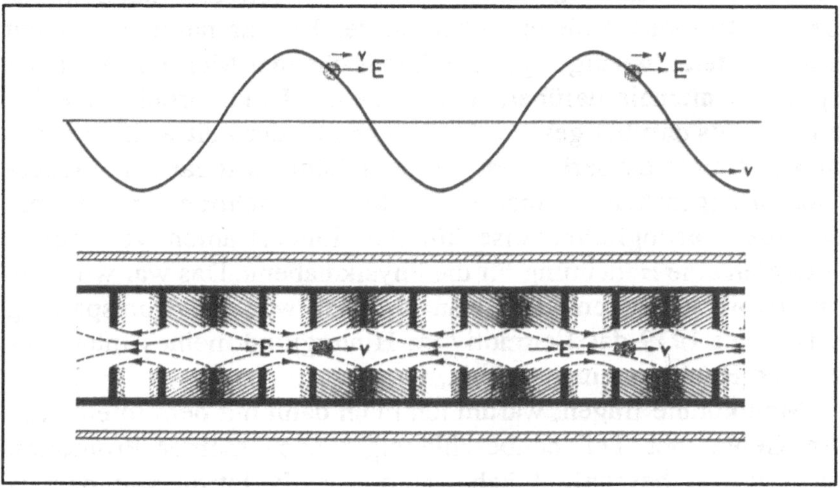

Bild 4.4: Runzelröhre eines Linearbeschleunigers [Wi62].

te, in dem Labor, das übrigens heute »Lawrence Berkeley Laboratory« heißt. Ich könnte mir vorstellen, daß Alvarez seinen Vorschlag nach dem erfolgreichen Linearbeschleuniger von Lawrence und Sloan entwickelte. Er war ja ab 1936 Assistent von Lawrence. Als damals die Hochfrequenztechnik etwas weiter war, konnte Alvarez Elektrodensysteme in einem Behälter aufbauen, in dem resonante elektromagnetische Wellen aufrechterhalten wurden, die dann die Teilchen beschleunigten. Seit damals werden zwei Arten von Driftröhren unterschieden: die »von Wideröe« und die »von Alvarez«. Letztere müssen in einen besonders dimensionierten »Alvarez-Tank« eingebaut werden. In modernen Linearbeschleunigern benutzt man gelegentlich sogar beide Arten von Strukturen.

Für Lawrence war der Bau von Beschleunigern und besonders von Zyklotrons das Hauptziel all seiner Bemühungen, das er fast wie ein Besessener verfolgte. Aber für seine jüngeren Kollegen, Assistenten und Studenten war wohl die Atomspaltung und die Kernphysik das Motiv für den Bau ihrer immer größer werdenden Maschinen. Ich vermute, daß dies auch für Rogowski der Fall war, als er meine Ideen für einen Strahlentransformator unterstützte, der 6 Millionen Volt erreichen sollte. Er war nämlich ein gut unterrichteter, geistig reger und hochstehender Mensch. Aber wir sprachen niemals darüber, und in meiner Doktorarbeit habe ich auch nichts darüber geschrieben. Es war zu der Zeit wohl verfrüht und galt nicht als seriöse Physik, man hätte es sogar als Science-Fiction angesehen. In meiner Doktorarbeit schrieb ich sehr bescheiden: »Möglicherweise könnten Ionenstrahlen von hohen Energien eine Bedeutung für die Physik haben«. Das war wohl ein großes »Understatement«, denn für mich war die Atomspaltung schon seit 1919 das Leitmotiv im Hintergrund meines Interesses an der Hochspannungstechnik.

Man könnte fragen, warum ich mich dann mit dem interessanten Gebiet der Teilchenbeschleuniger nach meiner Promotion nicht weiter beschäftigt habe. Nun, das Zyklotron war damals noch gar nicht erfunden, und die ersten Kernzertrümmerungen mit künstlich beschleunigten Teilchen haben erst 1932 stattgefunden. Es war also ganz einfach: Mein Studium war beendet, und ich habe mich erst einmal um eine geeignete Arbeit kümmern müssen. Ich hatte für weitere Untersuchungen auf dem Gebiet der Teilchenbeschleuniger keine Zeit mehr.

Wir hatten in Aachen auch keine Kontakte zu anderen Instituten (wie zum Beispiel das Labor von Lord Rutherford in Cambridge oder das Radiation Laboratory in Berkeley), in denen gerade mit der Entwicklung von Teilchenbeschleunigern begonnen wurde. Ich hatte also keinen besonderen Grund, um auf diesem Gebiet weiterzuarbeiten.

Außerdem hatte ich damals, abgesehen von der Kernspaltung (die ich allerdings als ein recht weit entferntes Ziel betrachtete) keine andere Anwendung für Teilchenbeschleuniger im Sinn. Die Möglichkeit, hochenergetische Elektronen zur Erzeugung von härteren, also penetranteren Röntgenstrahlen zu benutzen, interessierte mich wohl nicht besonders. Entsprechend dachte ich auch nicht an den Einsatz von Röntgenstrahlen für Materialuntersuchungen oder in der Medizin. Und deshalb betrachtete ich meine Arbeiten in Aachen auch als abgeschlossen und interessierte mich einstweilen für andere Aufgaben.

5 Auch Relais sind interessant

Rogowski hatte gute Verbindungen zur Industrie, obwohl er selbst keine Forschungs- oder Entwicklungsaufgaben im Auftrag übernahm, sondern nur seine eigenen wissenschaftlichen Arbeiten verfolgte. Er empfahl mich an den Direktor der Transformatorenfabrik der AEG in Oberschöneweide bei Berlin. Er hieß Dr. Stern und hat später auch an einer Hochschule unterrichtet. In dieser Fabrik benötigte man jemanden, um Schutzrelais für Hochspannungsleitungen zu entwickeln. Im Frühling 1928 ging ich nach Berlin.

In der AEG-Transformatorenfabrik lernte ich Herrn J. Biermanns kennen, einen sehr netten Menschen. Er war damals Chefelektriker in der Fabrik, eine sehr wichtige Position; er hatte unter anderem auch ein Buch zum Thema »Überströme in Hochspannungsanlagen« [Bi26] geschrieben und wurde später Professor. Zuletzt habe ich ihn Anfang der 50er Jahre in Hannover besucht, auf einer meiner Autoreisen durch Deutschland. Er starb bald danach.

Biermanns hatte zusammen mit Reinhold Rüdenberg ein Relais zum Schutz von Kraftstromleitungen bei Kurzschlüssen erfunden. Rüdenberg war Chefelektriker der Siemens-Schuckert-Werke in Berlin-Siemensstadt, Leiter der »Wissenschaftlichen Abteilung« und damals wohl eine hohe Autorität auf dem Starkstromgebiet in Deutschland. Er hat ein Buch über Relais geschrieben und sich mit Problemen der miteinander verbundenen Kraftwerke befaßt [Ru29]. Ich habe ihn nie kennengelernt. In seiner Abteilung arbeitete auch der Physiker Max Steenbeck, mit dem er 1933 ein Patent angemeldet hat, über das ich später noch einiges erzählen werde.

Das Prinzip des Biermanns-Rüdenberg-Relais war, daß die Kurzschlußspannung durch den Kurzschlußstrom dividiert wurde und daß man dann die Auslösezeit für die Ölschalter proportional zur Impedanz (also dem Widerstand der Leitung) einstellen konnte. Wenn viele solche Relais bei einem Fehler ansprechen, wird das nächstliegende Relais im Hochspannungsnetz zuerst ansprechen, und somit den Fehler selektiv abschalten. Das Relais mußte auch richtungsabhängig sein, was bei paralellen Leitungen wichtig ist. Aber Biermanns' Relais war recht primitiv. Es hatte relativ lange Auslösezeiten und eine zu geringe Richtungsempfindlichkeit. Biermanns Assistent Otto Mayr hatte eine andere Konstruktion vorgeschlagen, und ich wurde beauftragt, das neue Relais zu entwickeln und zu bauen.

Otto Mayr kam aus Kempten, war gleichaltrig mit mir, und wir wurden gute Freunde. Er entwickelte nachher auch Druckluftschalter und eine physikalische Erklärung der Schaltungstheorien. Er wurde dann auch mit dem Dr. Ing. ehrenhalber ausgezeichnet. Er lebte seine letzten Jahre in Schwäbisch Hall, wo er 1989 starb.

Ich arbeitete zuerst in der Transformatorenfabrik und später in einer Fabrik für Relais mit dem Namen »Dr. Paul Meyer«, die AEG gekauft hatte.

Die ersten Jahre in Berlin waren sehr interessant. Es ist ja eine sehr anregende Stadt. Hier fand 1929 eine wichtige internationale Konferenz statt. Ich nahm daran teil und hörte Vorträge von Einstein und auch von Eddington, der über die Energieerzeugung der Sterne durch Kernfusion berichtete. Er nannte dabei Temperaturen von 40 Millionen Grad.

Ich fand die Arbeit bei der AEG recht interessant. Für mich war das Relais eine Art künstliche Intelligenz, wie man heute sagen würde, oder ein raffinierter Analogrechner. Bei der Entwicklung der Relais habe ich für die AEG insgesamt 41 deutsche und 2 amerikanische Patente angemeldet. Es war eine sehr produktive Zeit.

Bei der AEG lernte ich die Herren Arno Brasch und Fritz Lange kennen. In der Transformatorenfabrik hatten wir auf dem Dach einer Halle einen Marxgenerator, mit dem man Spannungen von etwas mehr als einer Million Volt erzeugen konnte. Ich vermute, daß Brasch und Lange damit Mäuse bestrahlten. Sie haben aber wohl auch versucht, Kernreaktionen herbeizuführen, womit sie vielleicht sogar Erfolg hatten, ohne es genau beweisen zu können.

Aber Brasch und Lange haben auch noch andere, recht halsbrecherische Versuche mit Hochspannungen gemacht. Sie wollten zum Beispiel Hochspannung aus Gewitterwolken »ableiten«, was freilich sehr gefährlich war.

In Berlin habe ich auch Leo Szilard kennengelernt, ein sehr interessanter Mann. Ich erinnere mich, daß wir in einem Café saßen und er mir von einem seiner Hochspannungsprojekte erzählte. Er wollte mehrere Transformatoren aufeinander bauen. Die unteren sollten die oberen erregen, in einer Art Kaskadenschaltung. Szilard hatte viele gute aber oft etwas vage Ideen. Es war lustig, mit ihm zusammen zu sein. Ein typischer Ungar. Er hatte schon damals eine gute Beziehung zu Einstein. Ich glaube, sie hatten das Prinzip für eine Kühlmaschine ausgearbeitet und darüber ein Patent angemeldet – wenn ich mich richtig erinnere.

Ich konnte mich bei AEG in Berlin-Oberschöneweide ganz der Technologie der Relais widmen und wurde von Geschäfts- und Verwaltungsaufgaben weitgehend freigehalten. Mit den Teilchenbeschleunigern habe ich mich damals kaum beschäftig. Aber die Entwicklungen habe ich doch aufmerksam verfolgt.

Allerdings wollte einer der Mitarbeiter im Labor der Transformatorenfabrik, sein Name war Kujath, gerne die Entwicklung des Strahlentransformators weiterführen. Er saß im gleichen Raum, hinter mir, und ich habe ihn später nie wieder getroffen. Ich erinnere mich, ihm erklärt zu haben, daß es bei richtiger Ausbildung der Steuerfelder auch Kräfte geben müßte, mit denen man vielleicht die Elektronenbahnen stabilisieren könnte. Nach meiner Erfahrung in Aachen und nach meiner damaligen Meinung sind diese Kräfte aber zu klein und offenbar für den Zweck ungenügend. So stand es wohl auch in meiner Doktorarbeit.

Ich dachte damals nämlich schon über eine stärkere Fokussierung nach, also über eine bessere Bündelung der Teilchen auf ihrer Sollbahn. Aber dafür fand ich erst viel später eine brauchbare Lösung. In meiner Berliner Zeit hatte ich den Strahlentransformator sozusagen abgeschrieben, was mir heute eigentlich recht merkwürdig erscheint.

Und dann kam die Depressionszeit, 1930 und in den Jahren danach. Ich war Chef eines Labors, und es war eine schwierige und sehr peinliche Aufgabe, vielen der Ingenieure und Arbeiter kündigen zu müssen. Zuerst wurden alle Löhne halbiert. Mein Lohn natürlich auch. Als ich die AEG verließ, verklagte ich sie und bekam etwas Geld zurück.

Immer wieder bekam ich Nachrichten über die Erfolge von Lawrence mit seinen Zyklotrons. Ernst Sommerfeld hielt mich da auf dem laufenden, durch seinen Vater. Damals wurden auch noch andere Geräte entwickelt, um höhere Spannungen zu erreichen, wie zum Beispiel in der Carnegie Institution in Washington, von Breit, Tuve, Hafstad und Dahl [Br28] und an der Universität Princeton, von R. J. Van de Graaff [Gr31]. Letzterer hatte eine alte Idee aufgegriffen, elektrische Ladungen auf geeigneten Bändern in eine isolierte Metallkugel zu befördern. Aber er hat es so gut gemacht, daß dann seine Apparatur überall nachgebaut wurde und sogar von verschiedenen Firmen zu kaufen war. Hierzu möchte ich noch bemerken, daß Tuve, Hafstad und Dahl norwegischen Ursprungs waren und daß Tuve ein Jugendfreund und Kommilitone von Lawrence war.

Dann kam 1932 die erste Kernzertrümmerung mit künstlich beschleunigten Teilchen. Sie gelang Cockroft und Walton in Cambridge mit einem Kaskadengenerator, der nur 400 000 Volt erreichte [Co32]. Das Prinzip zur Erzeugung der Hochspannung stammte übrigens von H. Greinacher aus der Schweiz. Es gab also viel, worüber man diskutieren konnte.

Aber Hitler drohte, die Macht zu übernehmen, und ich verließ Deutschland noch rechtzeitig, bevor es dann geschah. Ich ahnte schon damals, daß es mit Hitler nicht gut gehen würde. Kurz vor Weihnachten 1932 ging ich also zurück nach Norwegen. Ich hatte schon, als ich noch im Labor der Firma »Dr. Paul Meyer« arbeitete, eine Idee für ein viel besseres Relais gehabt. Dort hatten sie ja schon, lange bevor ich kam, ein ganz interessantes Relais. Es konnte auch die Distanz zur Kurzschlußstelle bestimmen und wurde auch Distanzrelais genannt. Aber es hatte, wie schon erwähnt, viele Fehler, war recht ungenau und sehr unempfindlich. Meine neue Idee war viel einfacher, viel robuster und versprach eine schnellere und genauere Wirkungsweise.

Ich kannte die Verhältnisse in Norwegen recht gut und wußte, daß die vielen im sogenannten »Samkjöringen« im Verbund zusammenarbeitenden Kraftwerke unbedingt Distanzrelais benötigten. Und ich wußte auch, daß man in Norwegen nur ein robustes und sehr einfaches Relais gebrauchen konnte. Viele Elektrizitätsgesellschaften hatten nur ungeschultes Personal. Da konnte man keine komplizierte Feinmechanik gebrauchen.

Als erstes suchte ich mir eine relativ kleine Firma aus, die mir für die Herstellung von Relais geeignet erschien. Es war die Firma »N. Jacobsens Elektrische Werkstatt« (NJEV). Ich sprach mit dem Direktor, er hieß Haug, und überzeugte ihn, daß meine Relais eine gute Sache für ihn wären. Nach kurzer Zeit waren wir uns einig, und ich wurde bei ihm für 500 Kronen im Monat eingestellt, ein recht gutes Gehalt für die damalige Zeit. Am 1. April 1933 habe ich also bei der Firma Jacobsen in Oslo angefangen. Da hatte ich aber alle Unterlagen für mein neues Relais schon fertig entwickelt und konnte gleich mit dem Bau beginnen.

Ich möchte doch etwas mehr über diese Relais sagen, obwohl es vielleicht nur für technisch interessierte Leser von Interesse ist. In den Abbildungen 5.1 und 5.2 ist so ein Relais gezeigt. Für das Spannungselement verwendete ich einen stabförmigen Elektromagneten, der mit Gleichspannung über einen kleinen Selen-Gleichrichter gespeist wurde. Das Magnetjoch hatte am oberen Ende eine recht große Polfläche und darunter eine starke Einschnürung. Als Ergebnis bekam ich eine Anziehungskraft auf einem Eisenanker, die fast geradlinig mit der Spannung anstieg, auch im untersten Bereich. Ein Bimetall versuchte nun, den Eisenanker abzureißen.

Der Stromwandler für das Bimetall hatte im Kern des Eisens ein Loch, das so bemessen war, daß der Strom für das Bimetall mit der Wurzel des Stromes zunahm und die Erwärmung (und folglich die Kraft des Bimetalls) proportional zum Produkt aus Strom und Zeit

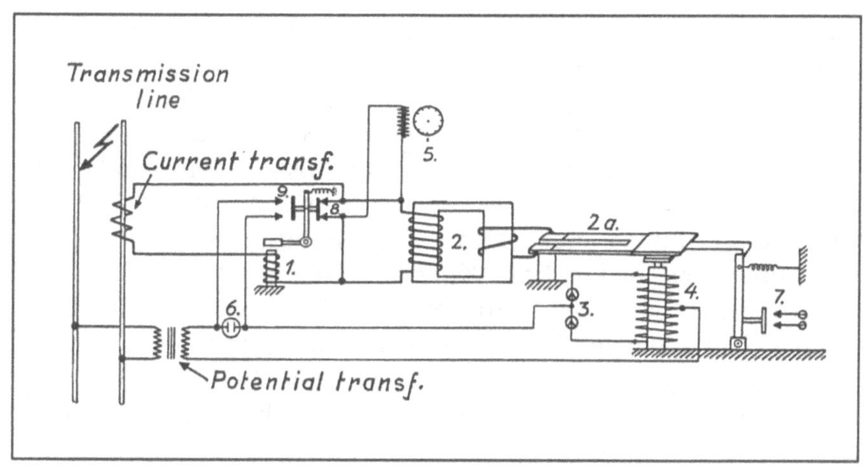

Bild 5.1: Schaltschema des Wideröe-Relais.

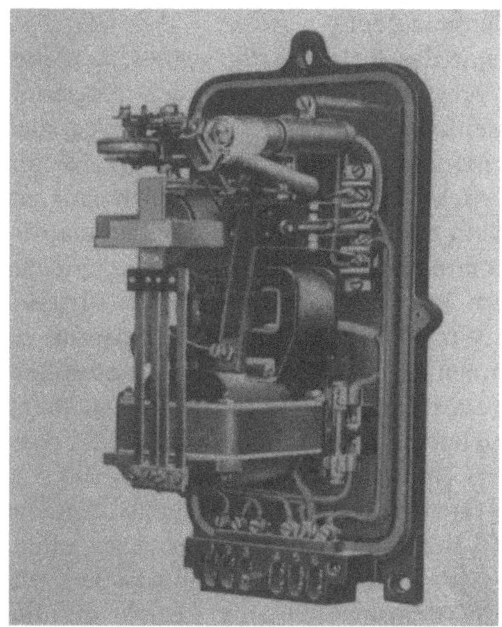

Bild 5.2: Foto des Wideröe-Relais aus einem Prospekt der Firma N. Jacobsen (Oslo).

war. Das Zeitintervall, bei dem das Bimetall den Anker vom Elektromagneten abriß, war deswegen proportional zum Verhältnis zwischen Spannung und Strom oder zur Impedanz der kurzgeschlossenen Leitung. Wenn der Anker abriß, löste sich ein kleiner Haken (ein kleines Rollenlager) und löste damit auch den Hochspannungsschalter der Leitung aus. An einer kleinen Synchronuhr konnte man nun die Auslösezeit ablesen und daraus schließlich den Abstand zur Kurzschlußstelle herausfinden.

Das Relais war billig zu bauen, hatte keine empfindliche Feinmechanik und wirkte mit großer Genauigkeit. Die kürzeste Auslösezeit war nur zwei Perioden, daß heißt etwa 1/25 Sekunde. Dies ist sehr wichtig, denn wenn diese Zeit (die »Grundzeit«) zu lang ist, können die Generatoren außer Takt geraten und das ganze System der miteinander verbundenen Kraftwerke zusammenbrechen. Das Distanzrelais habe ich später genau in einem Artikel in der Zeitschrift des Elektrotechnischen Vereines Wien beschrieben [Wi37], und darüber habe ich insgesamt für die Firma Jacobsen zehn norwegische Patente angemeldet.

Schon im Herbst 1933 war das Relais fertig gebaut, und ich machte mit meinem Ford-A eine Urlaubsreise nach England, Spanien, Italien und Deutschland, bei der ich gleichzeitig das Relais vorzeigen wollte. Zu meinem größten Leidwesen mußte ich damals feststellen, daß es nicht so einfach war, die Relais zu verkaufen. Und es wurde dann auch noch eine recht abenteuerliche Reise. In England traf ich meinen Freund Torvald Torgersen, der mich dann auch auf dem Rest der Reise begleitete. Torvald wurde auf der Reise krank. Wie sich später herausstellte, hatte er sich mit Typhus infiziert, und auch ich habe mich mit Paratyphus B angesteckt. Wir hatten großes Glück, diese Strapazen zu überstehen. Torvald lebt noch und hat ein Sommerhaus auf Skjelöy (bei Fredrikstad), in der Nähe des Hauses meiner Schwester Else.

Die ersten Feldversuche mit den Relais machten wir dann in Norwegen an einer Leitung in Vestfold, im März 1934. Aber schon kurz davor, im Februar 1934, hatte ich in Oslo meine spätere Frau kennengelernt, Ragnhild Christiansen. Ich ging damals auf die

Tanzschule des Fräulein Fearnley, um die neuesten Tänze zu erlernen, und dort traf ich Ragnhild, deren Eltern ganz in der Nähe von uns wohnten. Wir heirateten am 14. November 1934 und fuhren zur Hochzeitsreise nach Stockholm. Unsere Kinder Unn, Arild und Rolf wurden alle in Oslo geboren, in den Jahren 1936, 1938 und 1941.

Ragnhild arbeitete im Sommer 1935 gelegentlich (und inoffiziell) bei der Firma Jacobsen und half mir beim Bau und Justieren der Relais. Ich erinnere mich, daß es an einem Abend sehr spät wurde. Ich war in meine Berechnungen voll vertieft, und als ich merkte, wie spät es war, ging ich ins Nebenzimmer, in dem Ragnhild arbeitete, und sagte zu ihr: »Fräulein, Sie können jetzt nach Hause gehen«. Ich hatte ganz vergessen, daß wir ja verheiratet waren. Aber Ragnhild hat diesen Vorfall nie vergessen!

Im Frühjahr 1935 haben wir die ersten von etwa 30 Distanzrelais im norwegischen Leitungsnetz installiert. Ragnhild und ich, wir fuhren oft zusammen in meinem Ford-A herum und machten so gut wie alles selbst, von der Justierung der Relais in der Fabrik bis zur Installation in den Kraftstationen. Die Relais haben sich alle sehr gut bewährt und bei Kurzschlüssen richtig ausgeschaltet [Wi37].

Ich glaube, es war im Herbst 1935, da wurden sechs Firmen von der Kraftwerksunion »Samkjöringen« eingeladen, einen Netzplan mit Schutzrelais für den norwegischen Kraftwerkverbund zu erstellen und Proberelais mit Preisangaben zur Verfügung zu stellen. Es waren die Firmen Siemens, AEG, Brown Boveri, die Compagnie des Compteurs, Westinghouse und unsere kleine Firma Jacobsen. Wir siegten überlegen. Meine Relais waren viel schneller, viel genauer, viel robuster und dazu noch billiger als die der Konkurrenz.

Aber dann geschah im Jahr 1937 etwas Besonderes. Es kam ein Herr zu mir, er hieß Eivind Hansen und war der Direktor der großen Transformatorenfabrik »National Industri« in Drammen. Er wollte mich bei sich einstellen. Die Fabrik gehörte dem Westinghouse Konzern in USA und hatte ein Büro in Oslo. Ich

Bild 5.3: Ragnhild Wideröe in den 30er Jahren.

Bild 5.4: Rolf Wideröe in den 30er Jahren.

bekam den Eindruck, daß ich sein Nachfolger werden sollte und sagte zu.

Zuerst mußte ich aber noch einen Nachfolger für meine Tätigkeit bei Jacobsen finden und ihm alles über die Relais beibringen. Ich fand einen tüchtigen Mann, und es ging alles recht gut. Jahre später hat dann die Firma Jacobsen irgendwelche Dummheiten mit Strombegrenzern oder Zählern für Haushalte gemacht. Sie haben sehr viel Geld verloren und mußten schließlich Konkurs anmelden.

Ich war drei Jahre bei National Industri, und es war für mich keine glückliche Zeit. Meine Tätigkeit bestand meist im Verkauf von Transformatoren und Überspannungsableitern von Westinghouse (eine Art Thyrit-Ableiter gegen Überspannung, Wanderwellen und ähnliches auf Kraftleitungen). Als ich bei Jacobsen war, publizierte ich 8 Arbeiten, bei National Industri keine einzige, abgesehen vielleicht von einem längeren Vortrag über Relais auf einer nordischen Ingenieurstagung in Kopenhagen im Jahr 1937. Das war typisch. Ich lag bei National Industri wie auf Eis, wie tot. Ich hielt natürlich einige Vorträge über die Hochspannungsableiter, aber das war nichts besonderes.

Und dann kam im September 1939 der Krieg. Ich hatte einige Kontakte mit der Firma »Norsk Elektrisk og Brown Boveri« (NEBB) wegen der Distanzrelais gehabt. Bei dieser Firma arbeitete ein Ingenieur namens Styff. Er starb in den ersten Tagen des Krieges, und wahrscheinlich sprach NEBB-Direktor Solberg von NEBB mit Eivind Hansen über mich, denn kurz danach bekam ich eine Einladung von Direktor Solberg, und im Juni 1940 übernahm ich Styffs Stellung.

Wie mir Finn Aaserud und Jan Vaagen später berichtet haben, war Ing. Styff 1937 in Kopenhagen bei meinem Vortrag über Relais dabei. Er wußte also schon von meinen Interessen. Dies war ja kurz nachdem ich bei National Industri angefangen hatte. Finn Aaserud hat mir auch erzählt, daß auf dieser Tagung Niels Bohr den Einführungsvortrag gehalten hat, den ich sicher gehört habe, an den ich mich aber überhaupt nicht erinnern kann. Bohrs Reden waren oft etwas schwierig zu verstehen. Nach Bohrs Vortrag wurde das Bohr-Institut gezeigt. Da war ich nicht dabei. Ich war damals mit meiner Frau in Kopenhagen und hatte wohl ganz andere Interessen – wahrscheinlich waren wir auf einem Ausflug.

Zu dieser Zeit hatte ich engere Beziehungen zu einem »Physik-Verein«, der schon im Herbst 1938 von Studenten, Universitätslehrern und anderen Interessenten in Oslo gegründet wurde. Ich ging oft zu den Vorträgen. Ich hatte erreicht, daß der Verein von National Industri unterstützt wurde, ich glaube mit etwa 5000 Kronen. Während des Krieges hatte der Verein dann Probleme mit den Finanzen.

Wie sich mein Freund Olav Netteland sehr gut erinnert, bekam der Verein auch einige hundert Kronen für den Start einer Zeitschrift. Die erste, sehr bescheidene Ausgabe wurde im Sommer 1939 fertiggestellt. Wir haben sie »Fra Fysikkens Verden« (auf Deutsch: »Die Welt der Physik«) genannt, und sie existiert noch heute. Der Theoretiker Egil Hylleraas, Professor an der Universität Oslo, war bis 1956 der Herausgeber. Der 54. Jahrgang erschien 1992, freilich schon in wesentlich aufwendigerer Form. Ich bekomme sie regelmäßig. Wir hatten damals damit gerechnet, die Auslagen mit einigen Inseraten zu finanzieren. Sie wurden uns von der Druckerei vermittelt. Leider haben dann die Auftraggeber doch nicht bezahlt, und es gab einstweilen kein Geld mehr, um weiterzuarbeiten. Aber irgendwie ging es dann doch.

6 Und sie drehen sich doch!

Genau in diesem Physik-Verein geschah nun etwas, was für mich von besonderer Bedeutung war. Im Herbst 1941 wurde dort ein Vortrag über Teilchenbeschleuniger gehalten, in dem unter anderem die Arbeiten von Donald W. Kerst und R. Serber beschrieben wurden, die gerade in der Zeitschrift »Physical Review« in USA erschienen waren [Ke41a] [Ke41b]. Den Vortrag hielt der Physiker Roald Tangen, der dann 1948 in Drontheim und 1952 in Oslo Professor wurde.

Nun, Kerst beschrieb in seinem Artikel, wie er einen Strahlentransformator für Elektronen gebaut und in Betrieb genommen hat. Die Elektronen hatten am Ende der Beschleunigung eine Energie, die man sonst nur durch eine (damals kaum realisierbare) Hochspannung von 2,3 Millionen Volt hätte erreichen können. Das wohl eindrucksvollste Ergebnis steht gleich in der Zusammenfassung: Die Elektronen in der kleinen Apparatur, mit einer Ringröhre von nur 7,5 cm Radius, erzeugten bei optimalem Betrieb Röntgenstrahlung, die etwa der eines Grammes Radium entsprach. Wenn man bedenkt, daß damals ein Gramm Radium etwa eine Million Kronen kostete, kann man sich gut vorstellen, warum die kleine Apparatur von Kerst so viel Interesse erweckte. Die Anwendung in Krankenhäusern, besonders für die Strahlentherapie, war sofort sehr naheliegend.

Kerst hatte den 2,3-MeV-Strahlentransformator an der Universität Illinois, an der er tätig war, geplant und gebaut. Die Firma General Electric war aber an diesen Arbeiten schon sehr interessiert und hatte in ihrer Vakuumröhren-Abteilung die Röhre für Kerst, genau nach seinen Spezifikationen, gebaut. Als dann die Veröffentlichung erschien, hatte Kerst sogar schon einen sogenannten »leave of absence« im Forschungslaboratorium der Firma angetreten und hat dort dann weitere Apparaturen dieser Art gebaut.

Kasten 4

Roald Tangen, Kerst und Wideröe

Professor Roald Tangen (Oslo) berichtet [Ta93]:

»An die Situation im Jahr 1941 erinnere ich mich gut. Ich arbeitete damals im Physikalischen Institut der Technischen Hochschule in Drontheim mit einem kleinen Van-de-Graaff-Generator, den wir dort gebaut hatten. Im Herbst 1941 wurde ich vom Physik-Verein eingeladen, einen Vortrag über moderne Beschleuniger in Oslo zu halten.

Zu der Zeit hatten wir längst keinen Zugang mehr zu amerikanischen Zeitschriften, und das Betatron war uns völlig unbekannt. Einige Tage vor meiner Reise nach Oslo kam aber mit der ganz normalen Post ein einziges Exemplar der Zeitschrift Physical Review bei uns an. Es hatte auf unverständliche Weise seinen Weg zu uns gefunden. Darin war die Arbeit von Donald Kerst über das erste funktionierende Betatron. Dies paßte gut in meinen Vortrag, in dem ich des weiteren erläuterte, daß Kerst in seiner Veröffentlichung auch auf eine deutsche Doktorarbeit eines R. Wideröe hinwies, in der die Grundgleichungen des Betatrons entwickelt wurden. Ich kannte damals keinen Wideröe, sagte aber zu meinen Zuhörern, es müßte sich, dem Namen nach, um einen Norweger handeln. Wie sich alsbald zeigte, saß Rolf Wideröe im Auditorium! Nach dem Vortrag habe ich mich mit ihm über diesen sonderbaren Zufall unterhalten.

Es sollten 42 Jahre verlaufen, bevor wir uns wieder begegneten. Im selben Auditorium, in dem ich über Kersts Betatron gesprochen habe, hat Wideröe im Jahr 1983, auf Einladung der Universität Oslo, über seinen wissenschaftlichen Lebenslauf berichtet. Meine Aufgabe bestand darin, ihm für seinen Vortrag zu danken. Und ich habe dabei auch kurz erwähnt, was an der selben Stelle 1941 passiert war.«

In einem zweiten Aufsatz, in der gleichen Ausgabe des Physical Review, hat Kerst zusammen mit R. Serber eine recht genau formulierte Theorie des Strahlentransformators vorgestellt, die man im Prinzip als eine natürliche Weiterentwicklung der von mir 1928 [Wi28] und fast gleichzeitig von Ernest Walton [Wa29] vorgeschlagenen Ideen betrachten kann. Über diese wichtigen

Beiträge von Walton werde ich später noch mehr berichten. Der Strahlentransformator funktioniert also doch – wenn man es nur richtig anstellt. Und dies war damals für mich wie der Einschlag eines Blitzes! Ich habe sofort wieder angefangen, Berechnungen zum Strahlentransformator durchzuführen. Daran arbeitete ich mehrere Monate neben meiner Tätigkeit bei NEBB, und schließlich entstanden daraus zwei längere Aufsätze, die ich der Zeitschrift »Archiv für Elektrotechnik« in Berlin zur Veröffentlichung zuschickte. Der erste, in dem ich die Ergebnisse von Kerst und einige meiner neuen Berechnungen und Formeln beschrieb, wurde publiziert [Wi43b]. Der zweite, der auch einen etwas abenteuerlichen Vorschlag für ein 200-MeV-Betatron enthielt, wurde dagegen nicht gedruckt.

Eine Zeit nachdem mein Bericht erschienen war, geschah etwas sehr Sonderbares. Eines Tages, es muß etwa im März 1943 gewesen sein, kamen einige Offiziere der deutschen Luftwaffe zu NEBB und wollten mit mir sprechen. Norwegen war ja schon 1940 besetzt worden. Ich weiß nicht mehr genau, ob es zwei oder drei waren. Ich stand damals gerade bei meinem Fahrrad, weil ich immer zu NEBB radelte. Sie fragten, ob wir zusammen ins Grand Hotel fahren könnten, um etwas zu besprechen. Ich antwortete, das wäre schon möglich, ich müßte aber erst mein Fahrrad in Ordnung bringen.

Als wir dann im Grand Hotel waren, fragten Sie mich, ob ich mit ihnen nach Berlin kommen würde. Sie meinten, daß es von Bedeutung für meinen Bruder sein könnte. Mein Bruder Viggo war ja der Direktor der von ihm gegründeten Fluggesellschaft, die »Wideröes Flyveselskap«, die damals wegen des Krieges stillgelegt war. Aber mein Bruder hatte Beziehungen zu einigen Leuten, die versuchten, Flüchtlinge nach England zu bringen. Das war damals natürlich streng verboten. Diese Sache war aufgeflogen. Mein Bruder wurde verhaftet, kam in Oslo vor ein Gericht und wurde zum Glück nicht zur Todesstrafe (wie einige der Beteiligten), sondern nur zu 10 Jahren schwerem Zuchthaus in Deutschland verurteilt.

Die deutschen Offiziere deuteten an, daß mein Bruder eventuell freigelassen werden könnte, wenn ich ihnen helfen würde. Dies war für mich entscheidend, und ich willigte ein, nach Berlin mitzukommen. Schon zwei Tage danach wurde ich für einen kurzen Aufenthalt nach Berlin geflogen. Hier erst erzählten Sie mir von ihrem Plan, Betatrons zu bauen. Falls ich zusagen würde, ihnen dabei zu helfen, würden sie ihrerseits alles tun, was sie konnten, um Viggo frei zu bekommen. Ich hatte damals erfahren, daß er in Rendsburg im Gefängnis war und daß es ihm gar nicht gut ging, er war krank.

Was gerade die Luftwaffe mit dem Betatron vorhatte, erzählten sie mir nicht, das erfuhr ich erst später. Jedenfalls habe ich damals nicht gewußt und auch nicht geahnt, daß man Betatrons als Waffe einsetzen könnte oder wollte. Und ich hätte es auch nicht für möglich gehalten. Ganz sicher gab es damals ein wichtiges Argument: Den Vorsprung der Amerikaner auf diesem Gebiet wettzumachen – ganz gleich, was man damit später anfangen könnte.

Offiziell handelte es sich immer um die Entwicklung von besonders guten Röntgengeräten, die man in der Medizin und für die zerstörungsfreie Materialprüfung einsetzen wollte. Bei den Betatrons handelte es sich ja um kleine, relativ handliche Apparaturen, mit denen man die dafür üblichen Hochspannungsanlagen ersetzen konnte. Sie waren zum Beispiel auch für den Einsatz in Feldlazaretten interessant.

Ich habe dann also zugesagt, später nach Hamburg zu gehen, oder genauer ausgedrückt, ich wurde mit meiner mehr oder weniger freiwilligen Zustimmung (und offensichtlich auch der meiner Firma NEBB) »dienstverpflichtet«, um in Hamburg erst ein relativ kleines Betatron für 15 MeV zu entwickeln und zu bauen und vielleicht dann ein größeres, in der Gegend von Mannheim. Das war also im Frühling 1943. Bis Mitte 1943 habe ich dann in Oslo den Entwurf der 15-MeV-Maschine vorbereitet und auch einiges für die weitere Entwicklung dieser Art von Apparaturen geplant. Ich habe damals auch schon ein Patent für die Injektion der Teilchen in das Betatron eingereicht [Wi43a].

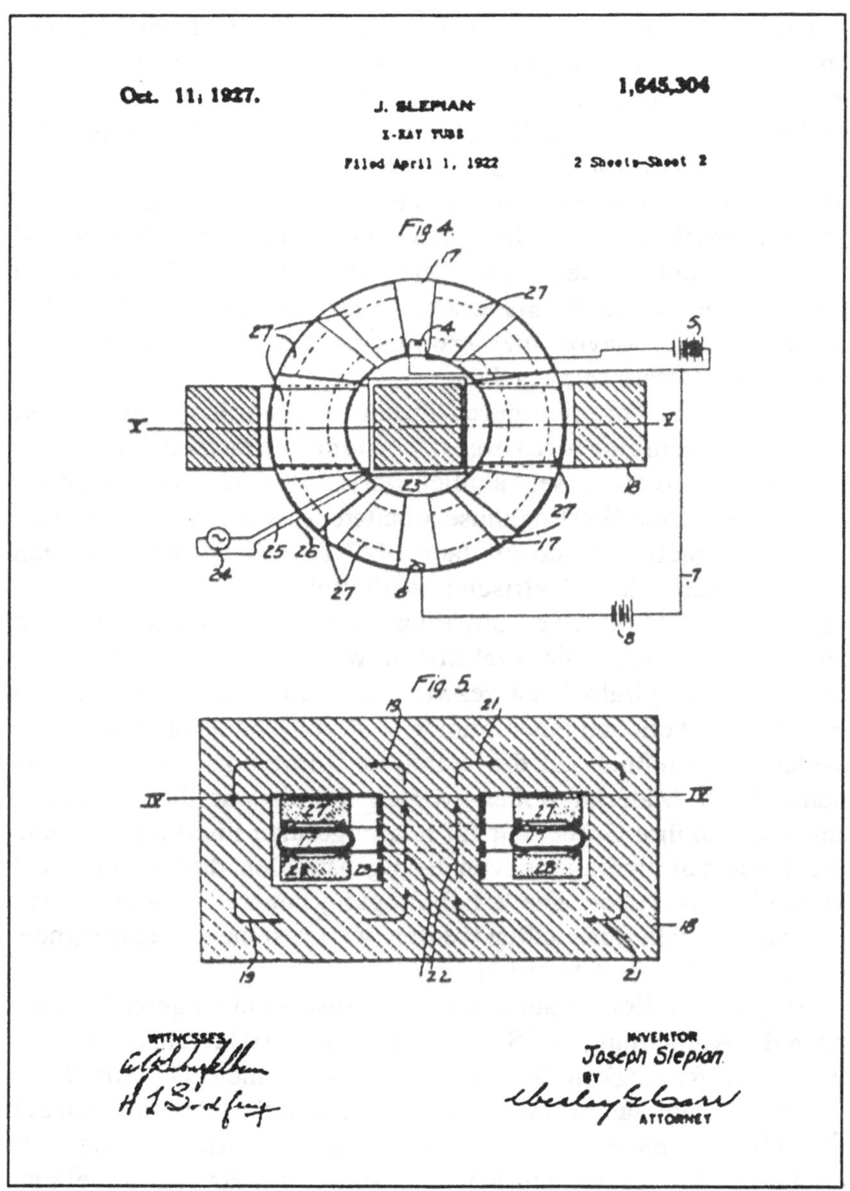

Bild 6.1: Schema aus Slepians Betatron-Patent [Sl22].

Obwohl ich mich seit meiner Aachener Zeit nicht mehr direkt mit Teilchenbeschleunigern beschäftigt hatte, konnte ich neben meiner Arbeit doch die Fortschritte auf diesem Gebiet recht gut verfolgen. Für meinen Bericht in der Zeitschrift »Archiv für Elektrotechnik« [Wi43b] hatte ich die Literatur zum Thema »Strahlentransformator« oder »Betatron« nochmals sehr gründlich untersucht und bin dabei auf eine Reihe von Arbeiten und Patenten gestoßen, die bis dahin erschienen waren. Ich finde diese Entwicklungen und Pionierarbeiten sehr interessant und möchte deshalb einiges davon hier erwähnen, ohne dabei zu sehr auf technische Details einzugehen.

Schon 1937 hatte ich durch Zufall ein amerikanisches Patent entdeckt, in dem eine Idee vorgestellt wurde, die meinem Karlsruher Strahlentransformator sehr ähnlich war. Es stammte von J. Slepian, der bei der Firma Westinghouse arbeitete, wurde am 1. April 1922 in USA eingereicht und im Jahr 1927 bewilligt [Sl22]. Slepian benutzte auch das elektrische Wirbelfeld, das sich um einen Transformatorkern bildet, um Elektronen in einem kleinen Ring zu beschleunigen. Die Elektronen wurden durch permanente Magnete auf Spiralbahnen gezwungen, die mit der zunehmenden Energie der Teilchen einen immer größeren Radius hatten, bis die Teilchen schließlich auf die Wand der Röhre oder auf ein geeignetes Stück Material stoßen würden. Somit war die Maschine, schon durch ihre Größe, nur für relativ geringe Energien tauglich. Sie sollte zur Erzeugung von Röntgenstrahlen dienen und hieß auch »X-Ray-Tube«. Die 2:1-Bedingung konnte in Slepians Apparatur gar nicht eingehalten werden, weil ja seine Ablenkmagnete ein konstantes Feld lieferten.

Slepian hat dieses Patent auch in Deutschland eingereicht, kurz nach der Anmeldung in USA. Wie ich später erfahren habe [Ka47], wurde die Richtigkeit des Vorschlages von einem Dr. Smidt des deutschen Patentamtes lange Zeit bezweifelt. Smidt berief sich auf das Physik-Lehrbuch von Abraham und Becker, aus dem er entnahm, daß es unmöglich sein sollte, Elektronen in einem Magnetfeld gleichzeitig abzulenken und zu beschleunigen. Das deutsche Patent wurde deshalb erst 1928 erteilt. Aber schon vor 1928, also gerade vor der Fertigstellung meiner Doktorarbeit, gab es noch einige weitere Ideen zum Bau von Strahlentransformatoren, und es wurden auch einige Versuche dazu durchgeführt, allerdings ohne großen Erfolg. Die Sache war anscheinend doch nicht so einfach.

So wurden schon 1927, in der Carnegie Institution in Washington DC, Experimente in dieser Richtung durchgeführt [Br27]. Die beiden Autoren, Gregory Breit und Merle Antony Tuve, hatten eigentlich recht gute Erfolgschancen, haben aber ihr Vorhaben anscheinend nicht weiter verfolgt.

Dann hat um 1928 Ernest Walton im Cavendish Laboratory in Cambridge auf Anregung von Lord Rutherford im Grunde genommen genau dasselbe getan wie ich, fast zur gleichen Zeit, ohne jedoch etwas von meinen Arbeiten zu wissen. Zuerst baute Walton eine Maschine, die meinem Strahlentransformator sehr ähnlich war, aber wesentlich primitiver. Damit konnte er keinerlei Ergebnisse erhalten. Dann machte er dazu aber noch sehr interessante und wichtige theoretische Berechnungen, die er im Oktober 1929 veröffentlicht hat, die aber weitgehend unbeachtet geblieben sind [Wa29].

Als seine Versuche zu keinem Erfolg führten, baute er einen Linearbeschleuniger. Auch er war meinem Aachener Linac sehr ähnlich, aber auch diesmal viel primitiver. Er hatte einen Funkengenerator, um die Hochfrequenzspannung zu erzeugen. Auch diese Apparatur hatte keine Erfolgschancen.

Und dann gab Walton diese Untersuchungen auf und baute mit John Cockroft, immer angefeuert von Lord Rutherford, seinen berühmten Kaskaden-Beschleuniger, der dann auch »Cockroft-Walton« genannt wurde und erzeugte damit zum ersten Mal die Kernzertrümmerungen mit künstlich beschleunigten Teilchen, die ich schon früher erwähnt habe. Cockroft und Walton haben für ihre Leistungen im Jahr 1951 den Physik-Nobelpreis erhalten.

Ernest Walton ging dann nach Irland zurück, wo er Professor wurde. Ich sandte ihm einmal einen Brief mit einer Kopie eines

Vortrages, den ich am 12. Januar 1983 auf dem »5th Nordic Meeting« in Geilo gehalten hatte. Er dankte mir sehr dafür und schrieb, daß er darin vieles finden konnte, was er vorher nicht wußte. Er hatte damals auch schon etwas von meinen Arbeiten erfahren.

Die Arbeiten von Walton wurden später von J. L. Tuck und Leo Szilard in Oxford am Clarendon Laboratory weitergeführt. Es handelte sich um ein eisenloses Betatron für höhere Frequenzen. Auch diese Arbeiten waren nicht erfolgreich. Man kann für einen Strahlentransformator geeignete Magnetfelder auch ohne Eisenjoch erzeugen, was später auch realisiert wurde. Leo Szilard, den ich ja schon in Berlin kennengelernt hatte, war nach England emigriert, als Hitler die Macht in Deutschland übernahm.

Es gab auch noch eine weitere Veröffentlichung zum gleichen Thema in der Zeitschrift »Archiv für Elektrotechnik«. Sie stammte von W. W. Jassinski [Ja36] und enthält eine umfassende mathematische Untersuchung sowie einige Vorschläge technischer Art, die mir damals nicht besonders brauchbar erschienen.

Als ich 1943 meinen Artikel für das »Archiv für Elektrotechnik« korrigierte, erschien auch ein Beitrag des Physikers Max Steenbeck in der Zeitschrift »Naturwissenschaften« [St43], in dem er angab, daß er bereits in den Jahren 1934 und 1935 mit einer Betatronröhre

Kasten 5

Die Namen der Betatrons

Steenbeck und Gund (s. auch Kasten 9) haben ihre Apparaturen ELEKTRONENSCHLEUDER genannt, während Schmellenmeier und Gans die Bezeichnung RHEOTRON benutzten. Wideröe hatte den sehr treffenden Namen STRAHLENTRANSFORMATOR eingeführt. In dem Patent von Slepian 1922 wird die Apparatur sehr bescheiden als X-RAY-TUBE, also als RÖNTGENRÖHRE bezeichnet. Kerst und Serber haben in ihren berühmten Arbeiten aus dem Jahr 1941 noch den Ausdruck INDUKTIONSBESCHLEUNIGER dafür benutzt. Erst 1942 hat Kerst den heute allgemein akzeptierten Namen BETATRON eingeführt.

Kasten 6

Über Max Steenbeck

Max Steenbeck berichtet in einem interessanten Buch über sein Leben [St77]. Er wurde 1904 geboren und hat in Kiel Physik studiert. Von 1927 bis zum Kriegsende, arbeitete er in der Forschungsabteilung der Siemens-Schuckert-Werke in Berlin-Siemensstadt, wo er auch seine Dissertation fertigstellte. Dort hat er seine frühen Versuche mit einem Betatron durchgeführt.

Nach dem Krieg ging Steenbeck nach Moskau und hat dort 11 Jahre lang gearbeitet, hauptsächlich an der Trennung von Uranisotopen. Als engagierter Kommunist ist er dann zurückgekehrt, wurde Professor in Jena und beschäftigte sich unter anderem mit kosmischen Magnetfeldern, Plasmaphysik, Festkörperphysik, aber hauptsächlich mit Kernenergiefragen. Er hatte als Wissenschaftler in der DDR einen guten Ruf und eine wichtige Position. Seine Vergangenheit bei Siemens hat er später recht kritisch beurteilt.

Steenbeck hatte schon 1927/28 die Grundideen für ein Zyklotron entwickelt, und sogar die ersten Züge für ein Synchrozyklotron. Auf Drängen seiner Siemens-Kollegen hat er damals darüber einen Beitrag für die Zeitschrift »Naturwissenschaften« verfaßt. Wegen einer mißverstandenen Aufforderung zur Rücksprache bei seinem Chef Rüdenberg kam es aber nicht zur Veröffentlichung.

Max Steebneck ist 1981 in Berlin gestorben.

Elektronen auf etwa 1,8 MeV beschleunigt und einige Patente dazu angemeldet hatte. Dies habe ich als Fußnote auf Seite 545 dann eingefügt. Außerdem bemerkte ich dazu, daß die magnetische Stabilisierung in einem US-Patent von Steenbeck [St36] (ausgegeben 1937) und in zwei D.R.-Patenten [Ru33] und [St35] (die Kerst übrigens auch bekannt gewesen sein müßten) angegeben wurde und Steenbeck somit als Erfinder dieses Stabilisierungsverfahrens gilt.

Ich habe Max Steenbeck viel später, auf einem internationalen Kolloquium über Betatrons in Jena im Juni 1964, kennengelernt. Wir haben uns sehr freundschaftlich unterhalten. Dort habe ich auch einen Vortrag über die ersten zehn Jahre der Mehrfachbeschleunigung gehalten. Der komplette Text wurde dann in der

Zeitschrift der Friedrich-Schiller-Universität in Jena veröffentlicht [Wi64].

Steenbecks Stabilitätsbedingung kann man allerdings als eine Näherung der allgemeineren, schon vorher von Walton ausgearbeiteten Formeln betrachten. Sie ist nur in der Nähe der Sollbahn der Teilchen gültig, während Waltons Formeln auch bei größeren Entfernungen eingesetzt werden können. Aber Steenbecks Bedingung war leichter zu verstehen als die etwas kompliziert formulierte und kaum verbreitete Theorie von Walton, und deshalb gilt heute Steenbeck im allgemeinen auch als der Autor der (vereinfachten) Stabilitätsbedingung. In seinem ersten Patent (1933) hat Steenbeck die Bedingung recht vage formuliert: »...das zur Führung dienende Magnetfeld, (ist) dadurch gekennzeichnet, daß das Magnetfeld von der Mitte nach dem Rand hin abfällt...«. Mehr wird dazu nicht spezifiziert.

Wenn man nämlich Teilchen auf einer immer gleichbleibenden Ringbahn halten will, muß man dafür sorgen, daß sie von geeigneten Kräften geführt werden. Teilchen, die sich nicht auf der Sollbahn befinden, werden sanft zurückgestoßen. Die rückführende Kraft bewirkt natürlich auch, daß die Teilchen dann eine Schlangenbewegung um die Sollbahn durchführen, so etwa, wie man es vom Schlittenfahren in einer Rinne kennt. Diese Hinundherbewegungen werden »Betatron-Schwingungen« genannt. Sie können sowohl radial, wie auch vertikal (bei einem horizontal liegenden Ring) auftreten. Geeignete Korrekturkräfte entstehen im Betatron in den nach Walton oder Steenbeck vorgeschlagenen Magnetfeldern. Sie müssen proportional zu $1/r^n$ nach außen abnehmen, wobei die Zahl n zwischen 0 und 1 liegt. Dies ist genauer ausgedrückt, was Steenbeck in seinem Patent meint.

In einem umfangreichen und sehr interessanten Artikel in der Zeitschrift »Nature« hat Donald Kerst im Jahr 1946 [Ke46] die Vorgeschichte des Betatrons sehr genau dargestellt. Dabei hat er alle veröffentlichten und auch unveröffentlichten Arbeiten darüber erläutert, soweit sie ihm damals bekannt waren. Es erscheint mir aber sicher, daß die Grundideen zum Bau eines Betatrons oder

Kasten 7

Der Krieg der Patente

Max Steenbeck (s. Kasten 6) hat mit seinem damaligen Chef Rüdenberg (der wie Wideröe auch Relais für Kraftwerke entwikkelte) schon 1933 ein Patent über die Stabilität der Bahnen in einem Betatron angemeldet [Ru33]. Aus dem Text geht hervor, daß ihnen Slepians Patent [Sl22] bekannt war. (Damals, und bis nach dem 2. Weltkrieg, war es noch nicht Pflicht, nähere Daten über »bekanntes Wissen« in Patenten anzugeben.)

Danach wurde Steenbeck beauftragt, solch eine Röhre als Geheimprojekt für Siemens zu bauen. Er hatte in der Zwischenzeit Wideröes Arbeit [Wi28] gelesen und die 2:1-Beziehung zwischen dem führenden und dem beschleunigenden Magnetfeld berücksichtigt. Die Apparatur konnte 1934/35 Elektronen auf 1,8 MeV beschleunigen. Es waren aber viel weniger als erwartet, und die Arbeiten wurden deshalb abgebrochen. Schon während dieser Untersuchungen hat Siemens ein zweites Patent für Steenbeck in Deutschland [St35], in USA [St36] und in Österreich eingereicht, in dem unter anderem auf die Stabilitätsbedingung und auf die 2:1-Bedingung ausdrücklich Patentschutz beantragt wird. Die Firma General Electric USA hat bei Siemens um eine Lizenz zur Benutzung dieses Patents angefragt, die laut Steenbeck am 6. Dezember 1941 (kurz bevor USA in den Krieg eintrat) erteilt wurde.

Schon im Oktober 1940 hatte Kerst (Univ. Illinois) seine ersten Ergebnisse mit einem Betatron veröffentlicht [Ke40a] und gleich danach (für General Electric) das Betatron als US-Patent angemeldet [Ke40b]. Es ist dem Steenbeck-Patent sehr ähnlich, jedoch klarer formuliert. Im April 1941 erschienen dann Kersts berühmte Arbeiten über das 2,3-MeV-Betatron [Ke41b]. Kerst erwähnt Steenbecks Patente in diesen Veröffentlichungen überhaupt nicht (auch sein eigenes nicht), dagegen aber die Arbeiten von Wideröe und Walton, später auch die von Breit, Tube und Jassinski. Es ist nicht üblich, Patente in wissenschaftlichen Arbeiten zu erwähnen.

Nach Kersts Veröffentlichungen hat Siemens, angeregt durch Steenbeck, den Bau von Betatrons wieder aufgenommen und Konrad Gund damit beauftragt. Siemens konnte 1954 auch ihre Rechte juristisch durchsetzen und hat von BBC eine Entschädigung für die Benutzung der Steenbeck-Patente erhalten.

Wideröe hat schon 1943/44 zehn Patente über das Betatron für die Firma BBC angemeldet und später noch viele mehr.

Strahlentransformators an verschiedenen Stellen, ganz unabhängig voneinander, entwickelt wurden.

Mitte 1943 war ich mit meinen Überlegungen und Vorstudien in Oslo so weit, daß ich mit dem Bau eines Betatrons beginnen konnte.

Vom 25. Juli bis zum 3. August 1943 fand die »Operation Gomorrha« statt: Das Zentrum Hamburgs und einige Randgebiete wurden von englischen und amerikanischen Bomben in fünf Angriffen fast vollständig zerstört. Es gab sehr viele Tote, wohl über 50 Tausend. Danach galt Hamburg als »relativ sicher«, weil es sich wohl nicht lohnen würde, es nochmals so intensiv zu bombardieren.

Und da fing ich dann auch mit meinen Arbeiten in Hamburg an, wobei ich aber öfters nach Oslo zurückkehrte und dort einige meiner Berichte schrieb. In dieser Zeit (es war die zweite Hälfte 1943) habe ich, immer mit der Hilfe von Ernst Sommerfeld, mehrere Patente in Deutschland eingereicht, die den Bau von Beschleunigern betrafen.

7 Das Hamburger Betatron

Als ich im August 1943 mit meiner Arbeit in Hamburg begann, blieben meine Frau und meine drei Kinder in Oslo. Ich war auch die ganze Hamburger Zeit noch bei der Firma NEBB angestellt, und meine Frau bekam mein Gehalt in Oslo weiter ausgezahlt. Entsprechend gab es da auch keine Probleme – abgesehen von unserer Trennung. In Hamburg habe ich mir ein Zimmer gemietet, in einem schönen Haus im Grünen.

Meine erste und wohl wichtigste Kontaktperson in Hamburg war Dr. Richard Seifert. Ich kann mich nicht mehr genau erinnern, wie dieser Kontakt zustande kam. Jedenfalls war Dr. Seifert Eigentümer und Direktor einer nicht besonders großen, aber recht renommierten Fabrik, die sein Vater gegründet hatte. Schon 1897, also zwei Jahre nachdem Röntgen die nach ihm benannten Strahlen entdeckt hatte, wurde dort ein Röntgengerät hergestellt. Und zu meiner Zeit wurden dort weiterhin Röntgenapparate gebaut, die hauptsächlich für die Materialprüfung eingesetzt wurden. Es handelte sich in vielen Fällen um Sonderaufträge nach Kundenwunsch. Seifert war ein sehr tüchtiger und ordentlicher Mensch, den ich sehr schätzte. Er hat mich in meiner sonderbaren Lage tatkräftig unterstützt. Die jüngste der drei Töchter von Dr. Seifert, sie heißt Elisabeth, haben wir später noch öfter auf unseren Reisen durch Hamburg besucht. Sie hatte dann auch die Leitung des Werkes übernommen. Die verschiedenen Abteilungen des Werkes wurden später nach Ahrensburg in der Nähe von Hamburg verlegt.

Außerdem bekam ich in Hamburg einen sehr guten Helfer und Mitarbeiter, den Physiker Dr. Rudolf Kollath, der vorher in den Aluminiumwerken in Sauda (bei Stavanger in Norwegen) gearbeitet hatte und auch bei AEG in Berlin, ich glaube bei Professor Ramsauer. Er ist später Professor in Mainz geworden und hat auch ein sehr schönes Buch über Teilchenbeschleuniger geschrieben, das 1955 erschien [Ko55]. Es gab dann noch eine wesentlich ausführlichere zweite Auflage, die im Jahr 1962 herauskam und für die mehrere bekannte Wissenschaftler Beiträge geschrieben haben.

Während der Arbeit in Hamburg hatte ich eigentlich keine ausdrücklichen Vorgesetzten. Nur mit dem Luftwaffen-Oberst Friedrich Geist hatte ich etwas Kontakt. Ich habe ihn einige Male in seinem Büro in Berlin kurz besucht. Er war ein vernünftiger Mensch und nicht unsympathisch. Ich selbst habe nach Kriegsende nie mehr etwas von ihm erfahren, außer dem, was mir 1983 Jan Vaagen erzählt hat: In einem Buch von David Irving soll einiges über ihn stehen. Mit anderen, höher gestellten Persönlichkeiten hatte ich in bezug auf meine Arbeit keinerlei Verbindung. Dagegen hatte ich viel mit einer recht kleinen privaten Firma zu tun, die zwischen den Geldgebern in Berlin, wohl die Luftwaffe, und mir verhandelte. Der Chef hieß Hollnack, und er war eine merkwürdige und etwas überspannte Person. Er hielt wohl viel von Nietzsche und wahrscheinlich (obwohl wir niemals davon sprachen) auch von Hitler. Außer mit dem Betatron hatte er anscheinend noch irgendwelche Geschäfte mit Aluminiumlegierungen, die mich jedoch nicht interessierten. Er verwaltete gewissermaßen mein Vorhaben in Hamburg.

Hollnack behauptete, sehr gute Beziehungen zu hochgestellten Persönlichkeiten in Berlin zu haben, und er vergab oder vermittelte wohl Aufträge des Reichsluftfahrtministeriums (RLM) oder anderer offizieller Stellen an die durchführenden Firmen und Personen.

Ich habe Hollnack nach dem Kriege noch einmal in Waldshut getroffen, nachdem er mich angerufen hatte. Er wollte Rechte auf Patente gültig machen, die unter seiner »Vermittlung« in Hamburg entstanden waren, was natürlich nicht möglich war. Alle meine damaligen Patente gehörten nämlich der Firma BBC in Baden (NEBB war ja eine Tochterfirma von BBC), für die ich schon in Oslo arbeitete.

Ein weiterer, sehr wichtiger Mitarbeiter, der hauptsächlich theoretische Berechnungen über die Bewegung der Elektronen, ihre Einführung in den Ring und über andere Effekte ausgeführt hat, war Bruno Touschek, der von Berlin nach Hamburg übersiedelte, oder besser, zwischen Berlin und Hamburg pendelte.

Touschek war ein sehr begabter österreichischer Physikstudent, der in Berlin einige Zeit in der Redaktion der Zeitschrift »Archiv für Elektrotechnik« mitgewirkt hatte und somit auf meine Betatron-Vorschläge gestoßen war. Er hatte mir deshalb auch geschrieben. Als er nach

Hamburg kam, lernte ich ihn bei Professor Lenz kennen, bei dem er damals wohnte.

In der Redaktion des »Archivs für Elektrotechnik« in Berlin war damals Dr. Egerer tätig, der schon vorher bei der Firma »Löwe« (die später »Opta« genannt wurde) arbeitete, wo auch Touschek tätig war. Es ist möglich, daß er Touschek angeregt hat, mit mir Kontakt aufzunehmen. Ich habe Dr. Egerer später kennengelernt, und zwar bei Hollnack. Irgendwie war so auch die Verbindung mit Dr. Seifert und mit Dr. Kollath zustandegekommen.

Wir fanden nach einiger Zeit heraus, daß wir das Betatron am besten in der Röntgenapparatefabrik »C. H. F. Müller« bauen könnten, die auch als »Röntgenmüller« bekannt war. Das Werk liegt im Norden Hamburgs, in Fuhlsbüttel, und hatte zum Teil die schon einige Monate vorher stattgefundenen Bombenangriffe relativ gut überstanden. Dieses traditionsreiche Werk stammte auch aus dem vorigen Jahrhundert, hatte beste Beziehungen zu Dr. Seifert und ist seit 1924 im Besitz des Philips-Konzerns, Eindhoven. Es existiert noch heute, im Rahmen der Philips-Valvo-Werke. Es erschien uns damals für die Entwicklung eines Betatrons besonders geeignet. Im November 1943 wurde dort mit dem Bau begonnen. Eine Konstruktionszeichnung im Maßstab 1:1 aus dieser Zeit ist heute noch in der Bibliothek der ETH in Zürich erhalten [Mu43].

Es gab einige Mitarbeiter in der Fabrik, die sehr nazistisch und für Hitler waren, darunter auch der Physiker Dr. Müller, der aber mit der Familie des Firmengründers C. H. F. Müller nicht verwandt war. In der Firma wurde erzählt, daß es sich um den Physiker Walter Müller handelte, der zusammen mit Geiger das berühmte Zählrohr entwickelt hatte. Ich habe ihn selbst aber nie gefragt, ob das richtig ist. Er hat auch nie mit seinem Vornamen unterschrieben, sondern nur als »Dr. Müller«. Er war ein netter und tüchtiger Mann, recht populär, aber wir waren immer sehr vorsichtig, wenn wir mit ihm sprachen. Laut Kaiser-Report [Ka47] hat dieser Dr. Müller damals auch eine Reihe von Patenten für das Betatron angemeldet oder vorbereitet (es werden Aktenzeichen angegeben), an die ich mich aber nicht erinnern kann. In der Bibliothek der ETH ist auch ein 15seitiger Bericht von Dr. Müller aufbewahrt [Mu43], in dem er das Betatron und eine Theorie dazu erläutert.

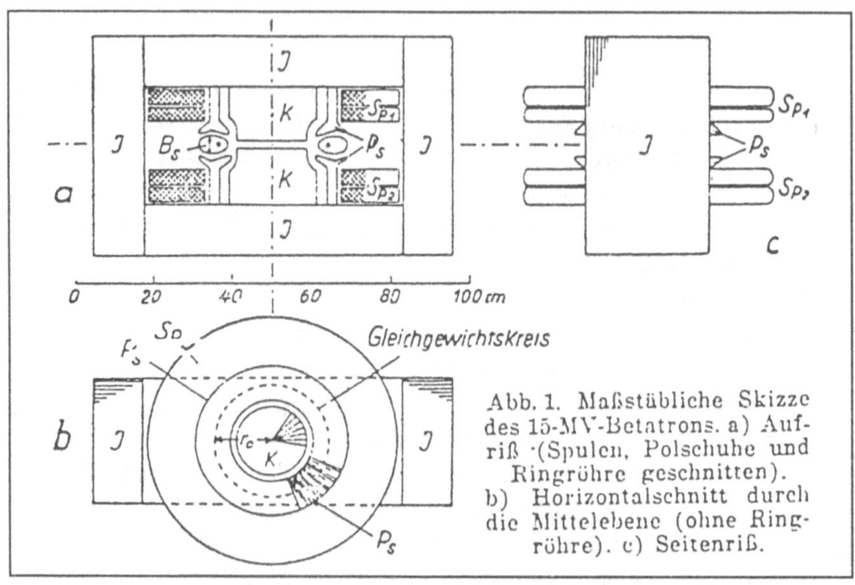

Bild 7.1: Schema des Hamburger Betatrons [Ko47].

Bild 7.2: Foto des Hamburger Betatrons; ETH-Bibliothek Zürich Hs 903: 614

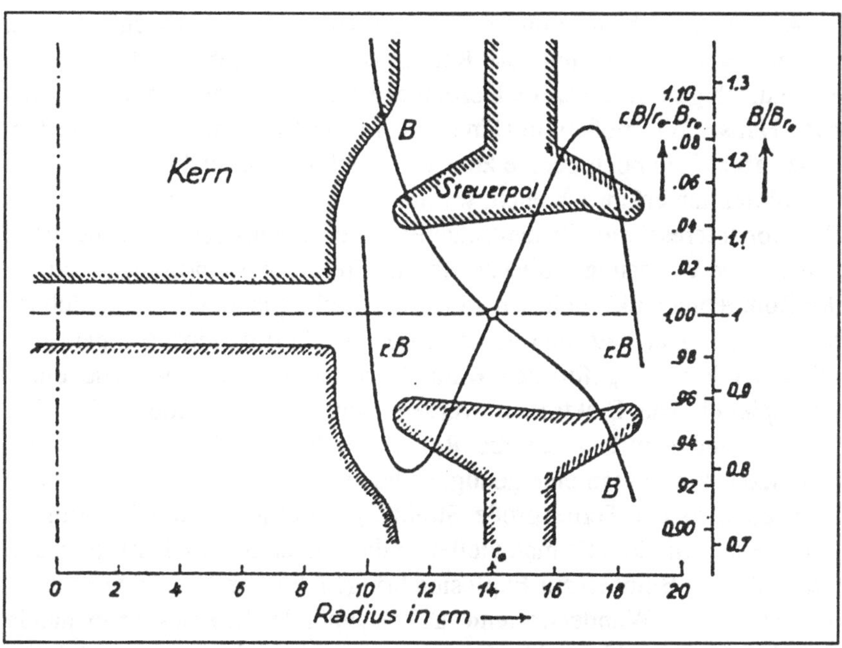

Bild 7.3: Die Form der Polschuhe des Hamburger Betatrons, damit die Stabilitätsbedingung erfüllt wird [Ko47].

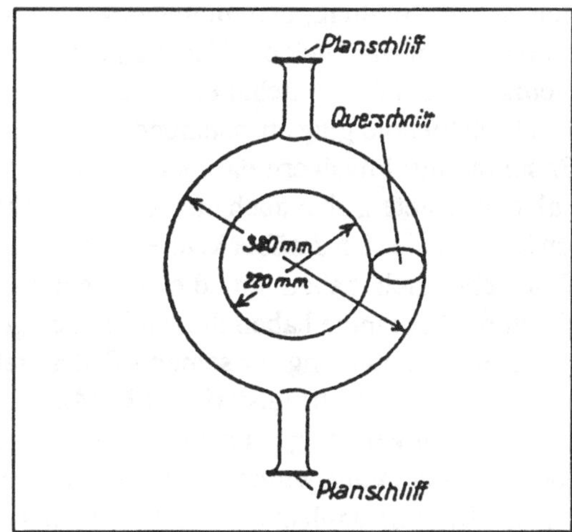

Bild 7.4: Die Ringröhre des Hamburger Betatrons [Ko47].

Ab und zu durfte ich von Hamburg auf Urlaub nach Norwegen fahren, mit einem Flugzeug, und die Reisen waren oft etwas problematisch. Einmal, ich glaube es war im Dezember 1943, wollte ich zu Weihnachten nach Hause. Wir mußten in Dänemark wegen Nebel recht lange warten, haben aber Oslo noch gerade zum Weihnachtsfest erreicht.

Allmählich erfuhr ich auch, warum sich gerade die Luftwaffe für das Betatron interessierte. Ein deutscher Physiker namens Schiebold, der nach dem Kriege Vorlesungen über zerstörungsfreie Materialprüfung (auch mit der Röntgentechnik) hielt, ich weiß nicht mehr genau, ob in Magdeburg oder in Hannover, hatte den Gedanken gehabt, daß man eine Röntgenröhre mit einer konkav geformten Kathode bauen könnte, etwa wie einen Hohlspiegel. Die Elektronen würden dann auf die Anode fokussiert werden, und somit wären die Röntgenstrahlen auch zum Teil stark gebündelt. Wenn man eine genügend hohe Spannung hätte, könnte man dann auch in der Ferne große Strahlungsintensitäten und Wirkungen erreichen. Somit könnte man vielleicht die Piloten feindlicher Flugzeuge töten oder die Bomben zur Explosion bringen. Es war der »Todesstrahl«, den, neben den »Wunderwaffen« aus Peenemünde, die Kriegspropaganda damals so dringend brauchte. Es war zu der Zeit sicher auch vorstellbar, weitreichende elektromagnetische Strahlen einzusetzen, nachdem ja die Bombenflugzeuge so weit über England mit Radiowellen, also elektromagnetischer Strahlung, extrem genau geleitet werden konnten. Das klassische Beispiel war 1940 der Nachtangriff auf Coventry, den vorher ja auch niemand für möglich gehalten hätte.

Dr. Schiebold ging anscheinend mit seinen seltsamen Ideen hausieren. Er sprach mit Physikern darüber, die ihn wohl als einen hoffnungslosen Fall betrachteten, aber auch mit einigen einflußreichen Leuten in offiziellen Stellen, die sich darüber kein eigenes fachliches Urteil bilden konnten. Wahrscheinlich haben ihn die meisten als einen harmlosen Spinner abgetan, aber einige haben ihm wohl doch geglaubt, denn er bekam eine gewisse Unterstützung für seinen »Todesstrahl« von der Luftwaffe, also vom Reichsluftfahrtministerium (RLM).

Eine Röntgenanlage für etwas mehr als eine Million Volt, eine Art Kaskadenschaltung, wurde von einem Krankenhaus in Hamburg auf einen kleinen Militärflugplatz bei Groß-Ostheim (heute »Großostheim«) in der

Kasten 8

Die geheimnisvollen Todesstrahlen

Schon 1935 wurde in England der Einsatz von Todesstrahlen (»death rays«) vorgeschlagen, um eventuelle deutsche Luftangriffe abzuwehren. Es handelte sich um extrem stark gebündelte elektromagnetische Wellen. Ihre Wirkungsweise wurde fast wörtlich genau so beschrieben, wie es Dr. Schiebold viel später in Deutschland vorgeschlagen hat. So erzählt es der damalige Mitarbeiter der britischen Abwehr, der Physiker R. V. Jones in seinem Buch »Most Secret War« [Jo78]. Die Engländer haben den Vorschlag sehr bald verworfen, weil er zu weit vom Stand der damaligen Technologie entfernt war.

Schmellenmeier berichtet in seinem Beitrag zu dem Buch »Richard Gans« von Edgar Swinne [Sw92] über Rechnungen, die Gans während des Krieges für das Rheotron durchgeführt hat. Gans kam zu dem Schluß, daß Röntgenstrahlen sehr großer Härte (etwa 100 Millionen Volt) nicht mehr in alle Raumrichtungen ausgestrahlt würden, wie bei geringen Spannungen, sondern eng gebündelt. Das war damals noch völlig unbekannt, da es Anlagen so großer Spannung nicht gab. Allerdings hatte Gans auch dazu bemerkt, daß bei der Berechnung der »Compton-Effekt« vergessen wurde, und daß dementsprechend das ganze Verfahren eigentlich unmöglich sei. In einer Begründung zum Weiterbau des Rheotrons hat Schmellenmeier trotzdem darauf hingewiesen, »daß mit der gebündelten, sehr durchdringenden Strahlung Flugzeugmotoren vorionisiert werden könnten, dann funktionierte die Zündung nicht mehr, die Maschinen könnten nicht weiterfliegen, sie kämen so in den Bereich der Flak«. Aber es ging hier hauptsächlich darum, das Rheotron-Projekt weiterzuführen, um dabei das Leben von Richard Gans, der ja jüdischer Abstammung oder in der damaligen Sprache »privilegierter Nichtarier« war, zu retten – was Schmellenmeier schließlich auch gelang.

Die Tatsache, daß Betatrons relativ hohe Elektronenenergien erreichen und daß man damit stärker gebündelte Röntgenstrahlen erzeugen könnte, hat wohl den Befürwortern der Todesstrahlen neue Hoffnungen verschafft. Und so kam es, daß einige Vorhaben (wie das von Wideröe) vom Reichsluftfahrtministerium finanziert wurden. Andere jedoch, wie die von Gund und Schmellenmeier, vom Reichsforschungsrat.

Nähe von Hanau gebracht, um Tests durchzuführen. Wenn ich mich richtig erinnere, hat der schon erwähnte Herr Hollnack auch dieses Unternehmen mit Geld versorgt, also verwaltet. Aber die Techniker sahen sehr bald ein, daß die Gefahr für das Bedienungspersonal am Boden viel größer war als für die Piloten und für die Bomben in den feindlichen Flugzeugen.

Nun, mit einem Strahlentransformator oder Betatron könnte man aber Röntgenstrahlen von vielen Millionen Volt erzeugen, und dabei würde man im Prinzip (aus rein physikalischen Gründen) eine mit der hohen Energie immer besser werdende »Bündelung« der Strahlen erreichen und dadurch die Reichweite gewissermaßen vergrößern. Dies war anscheinend der Grund für das Interesse der Luftwaffe am Betatron. Ich durfte eigentlich nichts von dieser Sache wissen, und wir sprachen immer nur über die Bedeutung für die Medizin, wie es am Ende ja auch tatsächlich der Fall war.

Ich hatte bis November 1943 einen Dreistufenplan ausgearbeitet [Wi43c], der erst den Bau eines 15-MeV-Betatrons in Hamburg vorsah, dann ein 200-MeV-Betatron und schließlich eine Versuchsstation in Groß-Ostheim für noch größere Anlagen. Außer der ersten Stufe blieb alles Weitere natürlich Illusion.

Unsere Überlegungen in Hamburg bestätigten sehr bald, daß der Schritt von der 2,3-MeV-Maschine von Kerst (USA) zu unserem geplanten 15-MeV-Strahlentransformator doch der richtige war. Im Prinzip wollten wir natürlich so viel Energie wie nur möglich erreichen, aber bei 15 MeV sollte es beim Eisenkörper (der dem eines normalen Transformators sehr ähnlich war) noch keine besonderen Probleme geben. Diese Probleme erschienen dann aber, als wir in Baden bei Brown Boveri die erste Maschine für 31 MeV bauten, wie ich später noch erläutern werde.

Ich fuhr auch einmal nach Rendsburg und besuchte meinen Bruder im Gefängnis. Es ging ihm sehr schlecht, er war krank, aber ich weiß nicht, woran er litt; wahrscheinlich eine Mangelkrankheit, vielleicht sogar eine Lungenentzündung. Ich versuchte, ihn aufzumuntern und ihm eine bessere Behandlung zu verschaffen, aber es zeigte sich, daß die Leute, mit denen ich in Verbindung war, nicht genügend Einfluß hatten, um ihn frei zu bekommen. Sie taten vielleicht, was sie konnten, aber es war nicht genug.

Viggo bekam aber etwas besseres Essen und wurde später in eine Strafkolonie in der Nähe von Darmstadt verlegt. Hier durfte er im Freien arbeiten, im Wald Holz hacken und im Garten umgraben, und das hat ihm sicher sehr geholfen. Aus diesem Lager wurde er am Ende des Krieges von den Amerikanern befreit.

Die Arbeiten in Hamburg waren nicht immer ganz einfach. Wir mußten oft wegen Luftangriffen in den Keller und warteten dort, bis die Gefahr vorüber war. Wenn wir heraufkamen, war immer die große Frage, ob die Röhre noch dicht und genügend gut evakuiert war. Aber meine Aufenthalte im Keller hatten auch große Vorteile. Man konnte sich dabei mögliche Verbesserungen in aller Ruhe überlegen und die Phantasie spielen lassen. Hier habe ich auch die »Linsenstraße« erdacht, ein Vorläufer und erster Vorschlag für die später eingeführte »starke Fokussierung« für Teilchenbeschleuniger. Diese Ideen habe ich dann auch zum Patent angemeldet, immer mit der Hilfe von Dr. Ernst Sommerfeld, der das alles in Berlin für mich erledigte. Der Krieg und die beschränkten Möglichkeiten des 15-MeV-Betatrons erlaubten es somit, über eine bessere Führung und Fokussierung der Teilchenstrahlen in den ringförmigen Vakuumröhren nachzudenken.

Bild 7.5: Wolfgang Paul (l) und Rolf Wideröe auf der Beschleunigerkonferenz in Hamburg 1992, fotografiert von Pedro Waloschek.

Kasten 9

Betatrons in Deutschland

Professor Wolfgang Paul (Bonn), ein Pionier der Teilchenbeschleuniger in Deutschland, der für die Entwicklung der »Ionenfalle« 1989 den Nobelpreis erhielt, hat die Betatron-Projekte, die vor und während des Krieges in Deutschland in Angriff genommen wurden, 1947 beschrieben [Pa47]. Er erwähnt die Arbeiten von Wideröe und Steenbeck und die Entwicklungen nach 1941:

»Der Erfolg von Kerst bewirkte, daß auch in Deutschland die Arbeit am Betatron, wie Kerst später seinen Apparat nannte, wieder aufgenommen wurde. Insgesamt wurde von vier verschiedenen Seiten an den Bau solcher Elektronenbeschleuniger gegangen. Im Vordergrund stand dabei für die Konstrukteure die Ausnutzung der schnellen Elektronen bzw. der durch sie ausgelösten Röntgenstrahlung für medizinisch-therapeutische Zwecke und für Materialuntersuchungen, erst in zweiter Linie die Verwendung des Betatrons als physikalisches Forschungsinstrument. Konstruktionen lagen vor von K. GUND bei den Siemens-Reiniger-Werken, Erlangen, angeregt durch STEENBECK, für einen Apparat von 6 und 25 MeV; ferner von WIDERÖE für 15, 100 und 200 MeV, von BOTHE und DÄNZER für 10 MeV und von GANS und SCHMELLENMEIER für 1,5 MeV. Von diesen wurden bis 1945 fertiggestellt und in Betrieb genommen die Apparate von GUND für 6 MeV und von WIDERÖE für 15 MeV, während die anderen nicht über die Planung, bzw. über den Bau des Magnetsystems hinauskamen.«

Die beiden 1944 erfolgreich in Betrieb genommenen Apparate von Gund und Wideröe werden dann erläutert und verglichen.

Wie Professor Paul weiter berichtet [Pa93], wollte er nach Kersts Erfolg mit seinem Lehrer Hans Kopfermann in Göttingen auch ein Betatron bauen. Als sie aber von Gunds Projekt hörten, haben sie Siemens ihre Hilfe angeboten und im Frühjahr 1944 die ersten Experimente mit dem 6-MeV-Betatron (damals 5 MeV) in Erlangen durchgeführt. Beim Einmarsch der Amerikaner (1945) sollte das Betatron zerstört werden, was aber von Paul und Kopfermann mit Hilfe der britischen Militärregierung verhindert werden konnte. 1947 brachten sie das Betatron nach Göttingen, wo sie und andere Physiker damit erfolgreich weiter experimentierten. Dabei ist es auch bald gelungen, den Elektronenstrahl nach außen zu führen. Seit den 60er Jahren steht dieses Betatron im Smithonian Museum in Washington.

8 Die Erfindung der Speicherringe

Hier muß ich aber noch über ein wichtiges Erlebnis aus meiner Hamburger Zeit berichten. Es war im Herbst 1943, auf einer meiner Ferienreisen nach Norwegen. Ich fuhr mit Ragnhild in ein Waldhotel in Tuddal, in Telemarken. Ragnhild wurde dabei leider krank, sie hatte sich eine Lungenentzündung zugezogen.

Als ich eines Tages im Gras auf einem Hang lag und dabei die Wolken am Himmel beobachtete, sah ich zwei Wolken, die so aussahen, als würden sie gegeneinander fliegen und zusammenstoßen. Ich habe mir dann Autos vorgestellt, die frontal aufeinanderstoßen und habe dabei etwas im Kopf ausgerechnet: Die gesamte Bewegungsenergie wird dabei in Zerstörungsenergie umgewandelt. Wenn dagegen ein Auto auf ein stehendes aufprallt, wird nur ein Teil der Bewegungsenergie zur Zerstörung beitragen. Ein erheblicher Teil wird zum Wegschleudern des vorher ruhenden Autos beitragen und steht somit zur Zerstörung der beiden Autos nicht mehr zur Verfügung. Das ergibt sich aus den Gesetzen der Mechanik.

Somit hatte ich eine einfache Methode entdeckt, um die in Beschleunigern zur Verfügung stehende Teilchenenergien für Kernreaktionen besser auszunutzen. Genau wie bei den Autos wird nämlich bei der Bombardierung eines ruhenden Zielteilchens ein wesentlicher Teil der Bewegungsenergie dazu benutzt, das Zielteilchen wegzuschleudern. Nur ein relativ kleiner Teil der Energie des beschleunigten Teilchens wird für die Zertrümmerung benutzt. Bei der frontalen Kollision kann hingegen die ganze zur Verfügung stehende Bewegungsenergie ausgenutzt werden. Bei atomaren Teilchen muß hier die relativistische Mechanik von Einstein eingesetzt werden, und der Effekt wird dann noch größer.

Das frontale Gegeneinanderschießen von Teilchen ist aber gar nicht so einfach. Man braucht schon sehr viele Teilchen, und man muß sie sehr eng bündeln, um überhaupt eine Chance zu bekommen, daß zwei von ihnen irgendwann zusammenstoßen. Ich dachte dabei an Atomkerne. Seit Rutherfords Experimenten kannte man ungefähr die Größe dieser Teilchen, und somit konnte ich die Wahrscheinlichkeit eines Zusammenstoßes abschätzen. Es war, mit den damals denkbaren Teilchenstrahlen, ein vollkommen hoffnungsloses Unterfangen.

Und hier hatte ich nun eine zweite Idee. Wenn man die Teilchen in Ringen für längere Zeit speichern könnte und diese »gespeicherten« Strahlen gegeneinander laufen läßt, ergibt sich praktisch bei jedem Umlauf eine Gelegenheit zum Zusammenstoß. Da sich die beschleunigten Teilchen sehr schnell bewegen, machen sie viele tausende Umläufe pro Sekunde, und die erwartete Kollisionsrate würde dann für viele sehr interessante Experimente doch ausreichend sein.

Den »Speicherring« oder die Speicherringe, in denen die Kollisionen stattfinden, nannte ich damals eine »Kernmühle«. Dieses überaus einfache Prinzip wurde erst 1956, also 13 Jahre später, in den Vereinigten Staaten neu erdacht [Ke56] [O'N56], weiterentwickelt und später auch verwirklicht. Allerdings hat dann der erste Speicherring 1961 nicht in den USA, sondern in Italien seinen Betrieb aufgenommen. Die neueren Teilchenbeschleuniger in der Hochenergiephysik werden fast alle nach diesem Prinzip gebaut.

Als ich nach meiner Rückkehr nach Hamburg mit Touschek über diese Sache sprach, meinte er, es handle sich um etwas ganz Selbstverständliches, was man eigentlich in der Schule (er sagte sogar »Kinderschule«) lernt und daß man so etwas gar nicht veröffentlichen und patentieren kann. Nun, ich wollte mir aber trotzdem die Priorität der Idee sichern und fand es am besten, ein Patent anzumelden. Ich telefonierte mit Ernst Sommerfeld, und wir haben ein sehr schönes und brauchbares Patent daraus gemacht, das wir schon am 8. September 1943 eingereicht hatten (s. Faksimile in Anhang 1). Es wurde in Deutschland als »Geheimpatent« eingestuft, registriert und erst 1953 rückwirkend anerkannt und veröffentlicht [Wi43a]. Wir haben dabei aber auch

Touscheks Einwände berücksichtigt und die vorteilhafte Energiebilanz beim frontalen Zusammenstoß als bekannt vorausgesetzt. Touschek war trotzdem recht beleidigt.

Die Zeit war aber damals für den Bau von Speicherringen noch nicht reif. Erst viele Jahre später waren die Beschleunigerspezialisten in der Lage, realistische Speicherringe für physikalische Experimente vorzuschlagen und auch zu bauen. Es mußten nämlich vorher eine ganze Reihe von technischen Problemen gelöst werden. Es war sogar nötig, ganz neue Technologien zu entwicken, die es 1943 noch gar nicht gab. So hat auch BBC keinerlei Einnahmen aus diesem Patent erhalten.

Die einzigen Teilchenbeschleuniger, die ich für meine Kernmühle damals vorschlagen konnte, waren meine eigenen Strahlentransformatoren, also die Betatrons. Und die waren eigentlich nur für Elektronen geeignet. Aber ich ahnte schon, daß es bald auch Ringbeschleuniger für andere Teilchen geben würde, ganz abgesehen von den schon existierenden Zyklotrons, die sich allerdings für Speicherringe nicht eigneten, weil es da keine Bahnen mit gleichbleibendem Radius gibt.

Der erste Beschleuniger (außer dem Betatron), in dem die Teilchen auf einer gleichbleibenden Bahn umkreisen, war das nach 1945 an mehreren Stellen entwickelte »Synchrotron«. Daran habe ich selbst auch gearbeitet. Die Probleme, die dabei auftreten, werde ich später noch näher beschreiben. Und erst zehn Jahre danach, also 1956, wurde diese neue Art von Beschleuniger auch als Speicherring vorgeschlagen, was ja dann sehr naheliegend war.

In meinem Patent habe ich mich einstweilen nicht um die noch fehlende Technologie gekümmert, sondern um das Prinzip, für das ich mir die Priorität sichern wollte. So habe ich zum Beispiel das Vakuumproblem erst einmal beiseite gelassen, obwohl mir das schon bei meinem ersten Vorschlag zum Strahlentransformator in Karlsruhe Schwierigkeiten mit Professor Gaede verursacht hatte. Hier war das offensichtlich ein vollkommen ungelöstes Problem, da das Vakuum viel besser als bei Betatrons sein müßte.

Auch über die fehlende Stabilität der Kreisbahnen wußte ich Bescheid. Damit befaßte ich mich ja schon seit meiner Aachener Zeit und wußte, wie schwierig es war. Und es gab noch ein Problem, wenn man Teilchen mit elektrischen Ladungen des gleichen Vorzeichens in einer Röhre in entgegengesetzter Richtung umkreisen lassen wollte. Ich hatte einen etwas abenteuerlichen Vorschlag, die Teilchen mit elektrischen Feldern zu führen, was dann nie realisiert werden konnte. Einfacher war es, zwei Ringe zu benutzen, wie es später dann auch gemacht wurde.

Aber all dies hat nichts daran geändert, daß man eben mit Frontalkollisionen die Energie der beschleunigten Teilchen am besten ausnutzt, was man heute als »Collider« verschiedener Art bezeichnet, und daß man mit Ringen den Teilchen öfter, ja sogar viele tausend Mal pro Sekunde, die Chance eines Zusammenstoßes geben konnte, wie es in meinem Patent erläutert wird. Und mein Optimismus in dieser Richtung konnte damals von Bruno Touschek nicht erschüttert werden. Später hat er dann sogar selbst auf diesem Gebiet Pionierleistungen erbracht, worüber ich auch noch berichten werde.

Der Bau des 15-MeV-Betatrons ging inzwischen zügig voran, und im Sommer 1944 begann es zu funktionieren. Die Intensität war zunächst nur sehr klein, konnte aber allmählich so weit erhöht werden, daß es mit dem zweiten Betatron, das Kerst schon 1942 fertiggestellt hatte [Ke42], verglichen werden konnte. Dieses Betatron beschleunigte Elektronen bis auf 20 MeV. Unter Berücksichtigung seiner höheren Frequenz (180 Hz, das heißt 3,6 mal höher als bei uns) und seiner höheren Elektroneneinschußspannung (20 KV, anstatt bei uns 7,5 KV) erreichte Kerst tatsächlich etwa das 13fache unserer Maximalintensität.

Gelegentlich entsprach später die bei uns erzeugte Röntgenstrahlung der Strahlung eines ganzen Kilogramms Radium (s. Kaiser-Report [Ka47]), aber meist entsprach es nur etwa 30 Gramm, was ja auch schon recht gefährlich war.

Wir hatten anfangs eine Glühkathode als Elektronenquelle, und der Glühdraht erzeugte nur in einer günstigen Lage die höchste Intensität. Das Ergebnis war, daß sich die Intensität ständig veränderte. Dr. Kollath nannte das unser »Eichhörnchen«. Später, mit einer Oxydkathode, wurde die Quelle stabiler und die Intensität konstanter.

Wie schon erwähnt, wurde etwa zur gleichen Zeit in den Siemens-Reiniger-Werken bei Erlangen, auf Vorschlag von Max Steenbeck ein Betatron von 6 MeV gebaut. Der Röntgeningenieur Konrad Gund wurde damit beauftragt. Ich war im November 1944 bei ihm auf Besuch. Aus verschiedenen Gründen glaubte ich damals nicht, daß die Maschine je brauchbar sein würde. Insbesondere gab es wohl Probleme mit der Vakuumröhre, die aus keramischem Material bestand, das ein sehr guter Isolator ist. Elektronen, die von ihrer Bahn abgekommen waren, drangen in die Wände ein, sammelten sich und verursachten nach einiger Zeit Durchschläge in der Wand, die zum Zusammenbruch des Vakuums führten. Diesen Effekt konnte ich bei meinen Maschinen durch den Einsatz von schwach leitendem Glas (Borsilikatglas, C9) für das Strahlrohr vermeiden. Aber auch über die Frequenz der Maschinen haben wir diskutiert, und ich glaube damals die Leute bei Siemens davon überzeugt zu haben, doch lieber 50 Hz zu benutzen, statt der höheren Frequenz, die Gund vorgeschlagen hatte. Wie ich später erfahren haben, ist dieses Betatron am Ende des Krieges nach Göttingen gebracht worden. Konrad Gund hat dort mit den Physikern erfolgreich zusammengearbeitet, und er hat auch promoviert [Gu46]. Aber Gund war psychisch etwas instabil und hat sich 1953 zusammen mit seiner Frau das Leben genommen.

Einmal hatten wir in Hamburg auch Besuch von Professor Gentner aus Heidelberg und Professor Kulenkampp aus Tübingen. Sie sprachen sich sehr lobend über unsere Ergebnisse aus.

Im Herbst 1944 war unser Betatron schon so weit, daß ich Dr. Kollath und Gerhard Schumann die Weiterführung der Arbeiten vollständig überlassen konnte. Sie haben das sehr gut gemacht und später einen ausführlichen Bericht darüber in der Zeitschrift für Naturforschung veröffentlicht [Ko47].

Ich wurde damals auch zu einem Treffen im Kaiser-Wilhelm-Institut in Berlin eingeladen, an dem mehrere Physiker teilnahmen. Es war in einem sehr schönen Garten. Ich glaube, Heisenberg hatte das Treffen einberufen, aber es könnte auch Gerlach gewesen sein. Es war eine rein wissenschaftliche Tagung. Alle sprachen ganz frei und sagten, was sie meinten. Es war niemand von der Gestapo dabei, und es wurde nichts geheim gehalten. Und alle waren damit einverstanden, die Schiebold-Phantasien als unrealisierbar abzublasen. Dagegen wurde festgestellt, daß das Betatron eine sehr interessante Maschine sei, besonders für die Medizin und für die zukünftige Kernphysik. Das hoffnungslose »Geheimprojekt«, Flugzeuge mit Röntgenstrahlen von Betatrons abzuschießen, wurde daraufhin (oder vielleicht sogar schon vor diesem Treffen) vollständig fallengelassen. Die Entwicklung der Betatrons sollte aber weiter verfolgt werden. Die offizielle Begründung, es handle sich um ein für die Medizin wichtiges Vorhaben, konnte ja beibehalten werden. Das kostete nicht viel Geld, und außerdem spielte Geld zu dieser Zeit wohl keine sehr große Rolle in Deutschland.

Ich diskutierte damals mehrere Male mit den Direktoren und Konstrukteuren von Brown Boveri (BBC) über den Bau eines 200-MeV-Betatrons. Die vorläufige Bestellung für die Konstruktionsarbeiten hatte Dr. Seifert im Auftrag des Reichsluftfahrtministeriums an die Firma BBC gegeben [Wi44]. Es wurden mehrere Möglichkeiten durchdacht, und es gab detaillierte Zeichnungen, wie später auch H. Kaiser berichtete [Ka47]. Aber am Ende des Krieges waren all diese Pläne unrealisierbar. Die BBC-Fabriken in Mannheim waren ziemlich zerstört. Als Deutschland besetzt wurde, ist über diese Pläne nicht mehr gesprochen worden.

Im März 1945 fuhr ich dann, diesmal mit der Eisenbahn, nach Hause nach Oslo. Es gab einige Zwangsaufenthalte in Dänemark, weil die Schienen durch Sabotage an mehreren Stellen unterbrochen waren. In Kopenhagen habe ich noch Zwischenstation gemacht und am norwegischen Konsulat meine Papiere in Ordnung gebracht.

Außer unserem Betatron gab es aber noch etwas, was damals sehr gut funktionierte, nämlich die englische Armee. Sie kam immer näher an die Stadt Hamburg heran. Deshalb entschlossen sich Seifert und Kollath, mit dem Betatron nach Kellinghusen (bei Wrist, etwa 40 km nördlich von Hamburg, in Mittel-Holstein) zu übersiedeln. Hier hatte Seiferts Familie eine Meierei zur Verfügung gestellt, in der das Betatron nun installiert wurde.

Am 3. Mai 1945 besetzten die Engländer kampflos den Stadtkern von Hamburg. Hollnack ist anscheinend sofort mit wehenden Fahnen zu ihnen übergetreten. Am 7. Mai 1945 hat Deutschland bedingungslos kapituliert, und es ist nicht anzunehmen, daß danach die Arbeiten an dem Hamburger Betatron weiterhin von Berlin aus finanziert wurden.

Kollath und Schumann gelang es aber, das Betatron in Kellinghusen auf Anhieb und ohne größere Schwierigkeiten in Betrieb zu nehmen und die Arbeiten und Messungen sogar noch bis Dezember 1945 weiterzuführen, wie sie es in einigen Notizen dokumentiert haben, die in der ETH aufbewahrt sind [Ko45]. Auch Bruno Touschek war wenigstens zeitweise nach Kellinghusen übersiedelt, denn einige seiner Schriftstücke zur Theorie des Betatrons sind mit dieser Ortsangabe versehen [To45].

Im Jahr 1947 haben dann Kollath und Schumann, wie schon erwähnt, über die Untersuchungen am 15-MeV-Betatron [Ko47] sehr ausführlich berichtet. Ein großer Teil dieser Arbeiten wurde in Kellinghusen durchgeführt. In einer Fußnote auf der ersten Seite dieser Arbeit steht: »Wir danken den HHrn. der Fa. C. H. F. Müller für jederzeitig tatkräftige Unterstützung und ihr Interesse an dem Fortgang der Arbeiten«. Und in einer gleich nachfolgenden wird erklärt: »Wir möchten auch an dieser Stelle Hrn. Fabrikbesitzer Richard Seifert, Hamburg, dafür danken, daß er uns stets bereitwilligst seine Hilfe zur Verfügung gestellt hat.«.

Daraus ist wohl zu entnehmen, das diese beiden Firmen die Arbeiten in Kellinghusen auch finanziell ermöglicht haben, was naheliegend ist, weil sie sich ja selbst mit dem Bau von Röntgenapparaturen beschäftigten (und es auch heute noch tun).

Später wurde der Bau von Betatrons allerdings von größeren Firmen übernommen, darunter auch BBC und Philips-Eindhoven.

Im Dezember 1945 haben die Engländer das Betatron als Kriegsbeute von Kellinghusen in das Woolwich Arsenal unweit von London gebracht. Hier wurde die Maschine anscheinend wiederum von Dr. Kollath in Betrieb genommen und für die zerstörungsfreie Untersuchung von Stahlplatten und dergleichen mit Röntgenstrahlen benutzt. Und hier verschwand schließlich die Maschine spurlos. Ich und auch andere haben sie später gesucht, ohne Erfolg. Wahrscheinlich wurde sie verschrottet.

Rückblickend waren die Jahre 1943 und 1944 für mich, trotz all der vielen Probleme, sehr positiv. Ich habe damals zehn sehr wichtige Patente über den Bau von Strahlentransformatoren für BBC angemeldet. Als ich 1945 nach Norwegen zurückkam, hatte ich schon begonnen, über die Probleme eines besseren Beschleunigers nachzudenken, den man heute »Synchrotron« nennt.

Ich möchte aber nochmals meine Mitarbeiter in Hamburg nennen. Es waren die schon genannten Dr. Rudolf Kollath, Gerhard Schumann und Bruno Touschek. Und wir wurden tatkräftig von den Ingenieuren und Konstrukteuren in der Röntgenfabrik C. H. F. Müller unterstützt. Ich möchte besonders den technischen Leiter, Herrn Kuntke, erwähnen. Er wohnte in einem Haus außerhalb von Fuhlsbüttel, in einem schönen Wald. Ich war mehrere Male bei ihm. Schumann traf ich noch einmal, vor meiner Abreise nach Oslo, im Januar 1945, und ich habe lange nichts mehr von ihm erfahren. In dem Bericht von Edoardo Amaldi »The Touschek Legacy« [Am81] steht, daß Gerhard Schumann (geb. 1911 in Dresden) in Halle und Leipzig studiert hatte (wo er bei Smekal arbeitete) und 1950 nach Heidelberg ging und dort bei O. Haxel arbeitete. Später studierte er Fall-Out-Probleme mittels Filtermethoden und wurde Experte für Austauschphänomene in der Atmosphäre.

Ich traf in meiner Hamburger Zeit auch andere Wissenschaftler. Wir haben uns recht gut verstanden. Bei unseren Gesprächen wurden politische Themen nur selten berührt. Ich glaube aber, daß

Bild 8.1: Der Speicherring AdA in Frascati, fotografiert von Peter Joos (DESY).

die meisten Deutschen nichts von Hitlers Grausamkeiten gegen die Juden wußten. Auf alle Fälle haben wir niemals darüber gesprochen.

Unter anderen lernte ich auch Dr. H. Suess kennen. Er wohnte etwas außerhalb von Hamburg und arbeitete zusammen mit O. Haxel und H. J. D. Jensen. Später wurde Suess Professor an der California University. Er beschäftigte sich damals mit der Häufigkeit der Elemente im Universum. Dr. Suess war absolut gegen Hitler, und mit ihm konnte ich ziemlich frei sprechen. Von ihm bekam ich den Eindruck, daß die Wissenschaftler alles taten, um zu verhindern, daß in Deutschland Atombomben gebaut werden. Sie sahen in der Uranspaltung nur eine zukünftige Energiequelle. In Süddeutschland wurde an einem kleinen Atommeiler gebaut, aber es war wohl mehr ein Ablenkungsmanöver.

Ich glaube nicht, daß meine Entwicklungen in Hamburg irgendwie zu Kriegspropagandazwecken benutzt wurden, auch nicht als Andeutungen, besonders nach dem Berlin-Treffen. Die Wunderwaffen wurden eher aus Peenemünde erwartet. Ich glaube, daß die Moral in Deutschland während der zweiten Hälfte 1944 auf einem sehr tiefen Stand war. Die Regierung versuchte natürlich mit einigen Propagandatricks, die Stimmung zu heben, und Goebbels war ein tüchtiger Schreiber. Aber die meisten Leute rechneten wohl damit, daß sie keine Chance mehr hatten.

Bevor wir die Hamburger Zeit verlassen, möchte ich noch einige Worte über Bruno Touschek sagen. Touschek war eine sehr interessante Persönlichkeit. Er war damals ein ganz junger Mann, ein Student. Touscheks Mutter war jüdisch, und das brachte natürlich viele Schwierigkeiten mit sich. Wie schon erwähnt, arbeitete Touschek in Berlin bei der Firma »Opta« (vorher »Löwe«) mit Dr. Egerer, der damals auch Chef-Herausgeber vom »Archiv für Elektrotechnik« war. Egerer brachte wohl Touschek von Berlin zu uns nach Hamburg. Touschek wohnte bei Professor

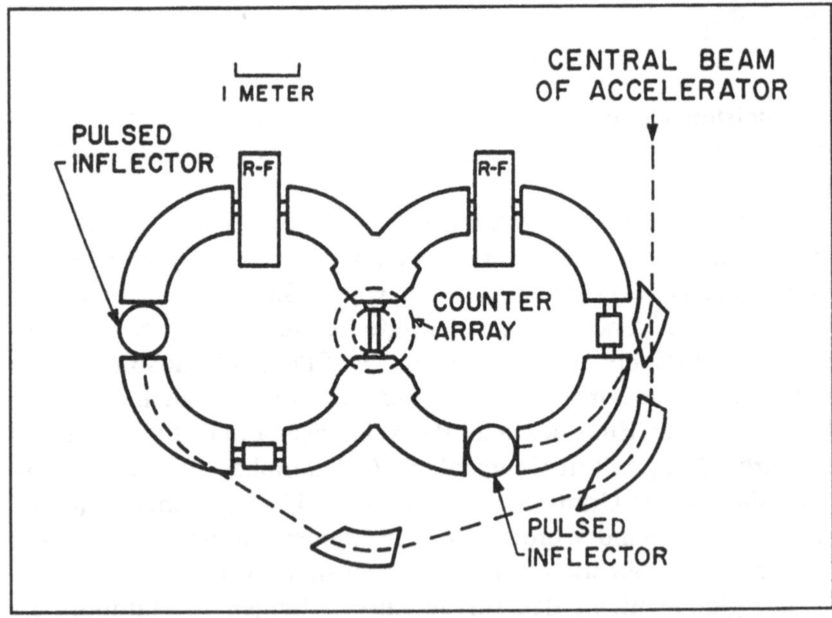

Bild 8.2: Das erste Elektron-Elektron-Speicherring-Experiment. Es wurde von W. C. Barber, G. O'Neill, B. J. Gittelman, W. Panofsky und B. Richter bei SLAC aufgebaut [O'N59].

Lenz, wo ich ihn ja auch kennengelernt habe. Lenz war krank, und Touschek mußte ihn in den Keller tragen, wenn ein Luftangriff kam. In Hamburg hat Touschek an den Vorlesungen von Lenz und Jensen teilnehmen können, allerdings ohne offiziell registriert zu werden. Er mußte ja auch schon in Wien sein Physikstudium als »Nichtarier« unterbrechen.

In Hamburg gab es eine Stelle, es war wohl die Handelskammer, wo man ausländische Zeitschriften lesen konnte, und hier ging Touschek regelmäßig hin. Dies ist aufgefallen, und es führte dazu, daß er im November oder Dezember 1944 von der Gestapo verhaftet wurde. Er kam in das Gefängnis in Fuhlsbüttel, konnte dort aber weiter für uns arbeiten. Wir halfen ihm, so gut es ging, konnten ihn aber nicht freikriegen. Ich kann mich erinnern, daß wir ihm seine Bücher, Essen und Zigaretten in die Zelle brachten. Aber an den Schnaps, über den er selbst später berichtete, kann ich mich nicht entsinnen.

Im Februar oder März 1945, als die englischen Truppen näher kamen, sollte Touschek nach Kiel verlegt werden. Er war erkältet und hatte Schwierigkeiten, seine vielen Bücher zu transportieren. Eines fiel in einen Straßengraben, und beim Versuch, es aufzuheben (es ging ihm recht schlecht), wurde er von einem der Wächter von hinten angeschossen, hat dabei aber nur einen Streifschuß hinter dem linken Ohr abbekommen. Er wurde für tot betrachtet und liegengelassen. Als er dann Passanten sprechen hörte, hat er sich aufgerichtet, wurde behandelt, wieder verhaftet und in das Gefängnis in Altona gebracht, wo es nach seinen späteren Aussagen »etwas friedlicher« zuging. Dort hat er eine wichtige Arbeit über die Strahlungsdämpfung in Betatrons verfaßt, die er mit unsichtbarer Tinte in eines seiner Bücher schrieb. Im Juni 1945 wurde dann Touschek von den Engländern befreit.

Wie schon erwähnt, ging Touschek dann nach Kellinghusen, wo er mehrere sehr interessante (theoretische) Berichte über das Betatron verfaßte [To45]. Touschek hat diese Arbeiten nie publiziert und sie auch nicht in seinem Lebenslauf erwähnt. Sie waren ihm aber sicher sehr nützlich, als er Anfang 1946 nach Göttingen

Kasten 10

Das Vakuum der Speicherringe

Gaedes Vakuumpumpen aus Wideröes Zeit in Karlsruhe konnten im besten Fall einen Druck von 10^{-6} Millibar in einem gut verschlossenen Gefäß aufrechthalten. Dies reichte knapp aus, um Betatrons, Zyklotrons, Synchrotrons und Linearbeschleuniger zu betreiben. In all diesen Maschinen ist ein Beschleunigungsvorgang im Bruchteil einer Sekunde abgeschlossen.

Die Lage ändert sich grundsätzlich, wenn man versucht, Teilchen über längere Zeit in einem Ring zu speichern. Man muß mindestens einen Faktor Hundert besser werden. Hier zeigte sich bald, daß nur dort, wo es besonders gute Vakuumspezialisten gab, solche Apparaturen gebaut werden konnten.

Die Lage ändert sich noch einmal, wenn man 10^{10} Elektronen oder Positronen speichern will: Die entstehende Synchrotronstrahlung wärmt das Vakuumrohr sehr stark auf, und dabei entweichen Gase, die an jeder Metalloberfläche angelagert sind. Mit Wasserkühlung wird die Wärme abgeführt, aber die Gase müssen abgepumpt werde. Es dauert oft viele Wochen, bis das Vakuum für den Betrieb eines Speicherringes ausreicht, also bei eingeschaltetem Strahl mindestens etwa 10^{-8} Millibar entspricht. Und es muß auch dauernd weitergepumpt werden.

Die Synchrotronstrahlung der Protonen ist (bei den heute erreichbaren Energien) vernachlässigbar, und es gibt praktisch keine Aufwärmung der Vakuumkammer. Am Speicherring HERA bei DESY [Wa91] wird das 6 km lange Vakuumrohr des Protonenstrahls auf 4,2 Kelvin kalt gehalten. Es wirkt dann so ähnlich wie eine sogenannte Kryopumpe: Etwa noch vorhandene Gase kondensieren an der Oberfläche. Das Vakuum ist dann so gut, daß man es nicht mehr messen kann, was 10^{-11} Millibar entspricht (oder besser). Die mittlere Lebenszeit des Protonenstrahls beträgt dann über 50 Stunden.

Viele technische und industrielle Innovationen waren nötig, um solch einen Fortschritt in der Vakuumtechnik zu erreichen und somit den Bau moderner Speicherringe möglich zu machen. Es werden praktisch nur mehr metallische Bauteile benutzt. Kunststoffe aller Art, Öl und Quecksilber, gehören der Vergangenheit an. Vakuumdichte Schweißnähte, Flansche und Hartlötverfahren kommen zum Einsatz. Die Lecksuche bei dem sogenannten »Ultrahochvakuum« hat sich zu einem Beruf für Könner entwickelt.

ging, wo er schon im Sommer des gleichen Jahres, unter der Leitung der Professoren R. Becker und H. Kopfermann seine Diplomarbeit über die Theorie des Betatrons fertigstellte. Das von Konrad Gund gebaute 6-MeV-Betatron hatte man dort in der Zwischenzeit in Betrieb genommen. Touschek ging dann nach Glasgow, wo er im November 1949 seinen Ph.D. bekam. Ab Dezember 1952 arbeitete Touschek schließlich an der Universität in Rom. Als theoretischer Physiker hat er in seinem Leben viele sehr wichtige Arbeiten veröffentlicht.

Touschek war derjenige, der als erster das Eis auf dem Gebiet der Speicherringe brach. In Rom hat er Anfang 1960 den Bau eines Elektron-Antielektron-Speicherringes vorgeschlagen [To60], der in weniger als einem Jahr in den Laboratori Nazionali di Frascati, mitten in den schönen Hügeln südlich von Rom, fertiggestellt wurde. Es war der erste Speicherring, der je funktioniert hat, also die erste praktische Anwendung meiner 1943 patentierten Ideen.

Elektronen und ihre Antiteilchen, die Positronen, haben genau die gleiche Masse und entgegengesetzte elektrische Ladung. Sie können also in dem gleichen Beschleunigerrohr in entgegengesetzter Richtung umlaufen und sich an bestimmten Stellen treffen. Dabei müßten laut Touschek Frontalkollisionen stattfinden. Die recht theoretischen Überlegungen Touscheks wurden in Rom von hervorragenden Experimentatoren in die Praxis umgesetzt.

Es gab noch zwei weitere Projekte, ähnlich kleine Speicherringe anderer Art zu bauen, eines in USA, angeregt von Gerry O'Neill [O'N56], und eines in Akademgorodok bei Nowosibirsk (damals UdSSR). Mit dem Bau von beiden hatte man schon früher begonnen, sie kamen aber erst nach dem von Frascati in Betrieb. Es handelte sich jeweils um zwei Elektronenringe, die tangential nebeneinander lagen. An den Ringen in USA wurde dann auch eine interessante physikalische Untersuchung zur Gültigkeit der Quantenelektrodynamik durchgeführt.

Ich selbst habe mich nach 1943 nicht mehr viel mit Speicherringen befaßt, sondern mit Betatrons. Aber ich habe Touschek noch mehrere Male getroffen, zuletzt im Jahr 1975. Er starb 1978 an einem Leberversagen. Er hatte eine zu große Zuneigung zum Alkohol, und das wurde ihm wohl zum Verhängnis.

Touscheks Maschine in Rom war ziemlich primitiv, aber auch sehr interessant. Sie wurde Anello d'Accumulazione (AdA) genannt, was auf Italienisch genau dem Wort »Speicherring« entspricht. In einem einzigen Ring sollten, wie schon erwähnt, Elektronen und Positronen in entgegengesetzter Richtung gespeichert und zum Zusammenstoß gebracht werden. Es handelte sich also im Grunde um zwei Speicherringe in einer einzigen Röhre, genau wie ich es in meiner Patentschrift 1943 vorgeschlagen hatte. Ein Speicherring ist aber nur ein Synchrotron mit besonderen Stabilitätseigenschaften. Darüber werde ich später noch einiges erzählen. In AdA konnten die Teilchen mit etwa 200 MeV gespeichert werden. Die ganze Apparatur hatte einen äußeren Durchmesser von nur 1,6 Metern, und die Elektronenbahn war etwa 4 m lang.

AdA startete seinen Betrieb am 27. Februar 1961. Touschek konnte einige gespeicherte Elektronen stundenlang mit einem kleinen Fernrohr beobachten. Schon ein einziges Elektron strahlt nämlich bei seinem Umlauf genügend Licht ab, um es klar »sichtbar« zu machen (dies ist ein Teil der sogenannten Synchrotronstrahlung). Später wurde AdA nach Orsay, südlich von Paris, gebracht, wo man auch Positronen einschoß und sie dann mit Elektronen kollidieren lassen konnte [Am81].

Die weitere Entwicklung der Speicherringe hat zu riesigen Maschinen geführt, die immer an den Grenzen der Technologie und der vorhandenen Mittel lagen. Mit ihnen konnten aber sehr wichtige Entdeckungen gemacht werden, die besonders mit der Quarkstruktur der Materie zu tun haben.

Im amerikanischen SSC-Projekt (der »Superconducting Super Collider«) in Texas (87 km Umfang) hofft man, etwa im Jahr 2000 mit Protonen von 20 TeV (1 TeV = 1000 GeV = 10^{12} Elektronenvolt) gegeneinander zu schießen und im LHC (der »Large Hadron Collider«) beim CERN (im 27 km langen LEP-Tunnel) mit Protonen von 8 TeV. In beiden Projekten handelt es sich um zwei

Speicherringe in einem einzigen Ringtunnel, deren Strahlen an einigen Punkten gegeneinander gelenkt werden. Und damit hofft man einige der wichtigen noch vorhandenen Probleme zum Aufbau der Materie zu lösen.

Nun aber zurück zu meiner Lebensgeschichte. Ich hatte nämlich 1945 Probleme ganz anderer Art zu bewältigen, besonders nach meiner Rückkehr nach Norwegen.

9 Oslo – die Theorie des Synchrotrons

Als im Mai 1945 die deutschen Truppen Norwegen verlassen hatten und der Kronprinz zurückkam, wurde ich in Oslo verhaftet und in das Ilebu-Gefängnis gebracht. Die gleichen Gebäude wurden vorher als deutsches Konzentrationslager mit dem Namen »Grini« benutzt, das wohl viele Norweger noch in trauriger Erinnerung haben. Ich erfuhr später, daß einer meiner Nachbarn mich angezeigt hatte, weil er wußte, daß ich ein Relais-Fachmann war und vermutete, daß ich beim Bau der V2-Rakete in Peenemünde mitgearbeitet hatte, ja sogar, daß ich vielleicht die V2-Rakete selbst erfunden hatte. Das wäre natürlich eine sehr schlimme Sache gewesen. Man darf ja nicht vergessen, daß bis Anfang April 1945 London und Antwerpen noch mit deutschen V2-Raketen beschossen wurden, gegen die es keinerlei Abwehr gab. Im Winter 44/45 wurden auf diese Städte insgesamt 2 800 solcher Raketen abgefeuert, mit je einer Tonne Sprengstoff, von denen jedoch nur ein Teil sein Ziel erreichte!

Es war ein glücklicher Umstand, daß ich alle meine Papiere und Unterlagen vom Betatronbau aus Hamburg mitgebracht hatte. Im Gefängnis konnte ich nämlich einen ausführlichen Bericht darüber schreiben. Als ich Anfang Juli 1945 damit fertig war, wurde ich auch freigelassen. Angeblich hatte der Physiker Odd Dahl, den ich damals nicht kannte und der viele Verbindungen hatte, mir dabei geholfen. Aber es haben dazu wohl auch einige andere beigetragen.

Ich war zwar die ganze Kriegszeit, wie schon erwähnt, bei NEBB (Brown Boveri) in Oslo angestellt und wurde nach Deutschland »dienstverpflichtet«. Ich glaube aber nicht, daß mir dies zu einer Verkürzung des Aufenthalts im Gefängnis verholfen hat.

Aus der Haft habe ich meiner Frau einen langen Brief geschrieben, in dem ich unter anderem Zukunftspläne schmiedete. NEBB hatte nach meiner Verhaftung nämlich die Gehaltszahlungen

Kasten 11

Die »fachliche Beurteilung«

Professor Roald Tangen berichtet über die Zusammenhänge im Jahr 1945 [Ta93]:

»Ich habe mich an das norwegische Reichsarchiv gewandt, um Zugang zu den Gerichtsakten aus der damaligen Zeit zu bekommen. Ich fand dort eine Kopie der damals erstellten fachlichen Beurteilung über Wideröe, ein sehr umfangreiches Dokument.

Die Angelegenheit wurde in einer Untersuchungskammer von Polizeibeamten bearbeitet. Aus den Papieren geht hervor, daß die Polizei äußerst mangelhafte Kenntnisse über Atomphysik und Atomwaffen hatte und entsprechend auch nicht wissen konnte, ob ein Betatron als Kriegswaffe eventuell anwendbar wäre.

Deshalb wurde im November 1945, auf Verlangen des verantwortlichen Polizeioffiziers (der übrigens Wideröe sehr gut gesinnt war), eine Kommission einberufen. Sie sollte die Behörden in fachlichen Fragen bezüglich Wideröe beraten. Die Mitglieder der Kommission waren Professor Egil A. Hylleraas, Professor Harald Wergeland, Gunnar Randers und ich selbst. Außer mir sind alle schon verstorben. Das lange Beurteilungsschreiben wurde von Professor Hylleraas verfaßt.

In den Papieren im Reichsarchiv ist dokumentiert, daß die Tätigkeit der Kommission bewirkt hat, daß die erste Anklage bezüglich der Teilnahme Wideröes an der Konstruktion von V-Bomben als grundlos erklärt wurde. Damit war die Anklage auf die allgemeine Tatsache der Arbeit für die Besatzungsmacht reduziert.

Die oben genannte Beurteilungskommission hat übrigens bei der späteren gerichtlichen Verhandlung (im Nov. 1946) keine Rolle mehr gespielt. Das Gerichtsurteil habe ich in den Akten auch gefunden. Nach seiner Entlassung am 9. Juli 1945 bekam übrigens Wideröe erst keinen Pass und später (im Frühling 1946) einen Paß für einen Monat, um in der Schweiz an den Arbeiten zum Bau von Betatrons für Krankenhäuser teilzunehmen.«

eingestellt, und ich machte mir viele Sorgen um meine Familie. In dem Brief bat ich meine Frau, den damaligen Direktor von NEBB in Oslo zu besuchen und ihn um Rat zu bitten. Tatsächlich hat er angeregt, daß ich mich an die BBC in Baden, in der Schweiz, wenden sollte.

Es besuchte mich damals auch der norwegische Physiker Gunnar Randers, der wohl eine Zeit in Amerika gewesen ist und sich dann in Norwegen mit Astrophysik und Kernphysik beschäftigt hat. Er hatte den Auftrag, mit mir zu reden, wahrscheinlich wegen der V2-Gerüchte. Das genaue Datum könnte man leicht herausfinden, denn es war gerade am Tag einer Sonnenfinsternis, und er hatte ein geschwärztes Glas mitgebracht, um die Sonne zu beobachten. Ich habe ihm die richtige Sachlage bezüglich meiner Tätigkeit in Deutschland erklären können, und wir haben uns, wenigstens nach meiner Meinung, damals recht gut verstanden.

Später wurde nämlich eine Kommission gebildet, die eine »Fachliche Beurteilung« über meine Tätigkeit und zur Klärung meiner Lage erstellt hat. Ich selbst habe nicht viel von diesen Untersuchungen gemerkt, aber ich bin in dieser Richtung recht unempfindlich. Es ist auch denkbar, daß Leute Bösartiges über mich ausgesagt haben, das ich entweder nicht verstanden habe, oder um das ich mich nicht gekümmert habe. Jedenfalls schien man damals ernsthafte Zweifel über mein Benehmen während des Krieges zu haben. Ich nehme an, daß die Polizeibehörden einfach Experten haben wollten, um einige Fragen zu beantworten, die sie selbst nicht beurteilen konnten. Ich finde das ganz natürlich. Aber die Stimmung in Norwegen war damals überhitzt, und nicht immer wurde alles ruhig und gerecht überlegt und beurteilt. Ich grolle nicht und trage keinem etwas nach. Aber damals fand ich es doch recht gut und günstig, daß ich bald danach in der Schweiz meine Arbeit wieder aufnehmen konnte.

Die Verdächtigungen nach dem Kriege haben trotz allem in gewissen Kreisen etwas Nachgeschmack hinterlassen, und ich bin froh, daß es nun vollständig aufgeklärt zu sein scheint. Jedenfalls haben mich die großen Blumensträuße der Königlichen Norwegischen Gesandten, die ich im Jahr 1992 bei verschiedenen Ehrungen erhalten habe, voll überzeugt, daß nun in Norwegen niemand mehr etwas gegen mich hat. Ich war ja immer sehr stolz darauf, Norweger zu sein! Ich wurde mehrmals irrtümlich als Deutscher bezeichnet, zuerst wohl von Professor Gustav Ising, in einem

Artikel in einer schwedischen Zeitschrift [Is33]. Das hat wohl einige Verwirrung verursacht.

Die zweite Hälfte des Jahres 1945 und besonders den Winter 1945/46 hat meine Frau sehr genau in Erinnerung. Wir hatten sehr wenig Geld, es war sehr kalt, ich hatte keinen Paß und war praktisch arbeitslos in Oslo.

Die Zeit habe ich benutzt, um meine Gedanken über das, was man später »Synchrotron« nannte, zu ordnen und zusammenzuschreiben. Am 31. Januar 1946 habe ich die erarbeiteten Ideen und Theorien als Patent in Norwegen angemeldet [Wi46]. Die Patentschrift ist recht kompliziert. Sie enthält viele Formeln, die ich heute gar nicht mehr verstehen kann. Aber sie enthält eben auch sehr wichtige Vorschläge, wie ich im folgenden noch etwas genauer erläutern möchte.

Ein Synchrotron besteht aus einem ringförmigen Strahlrohr, auf das ein Magnetfeld wirkt, das mit der Energie der Teilchen ansteigt. Ein Teil des Rohres entspricht etwa einer gebogenen Driftstrecke, wie in Fig. 5 meines Patents (s. Anhang 2) gezeigt ist. Hier bekommen die Teilchen bei jedem Umlauf Spannungsstöße. Es stellt sich heraus, daß dabei die Teilchen in Paketen zusammengedrückt werden. Es gibt eine Sollposition auf der Welle, um die die Teilchen eines stabilen Pakets schwingen. Das sind die sogenannten Synchrotronschwingungen. Das Teilchenpaket »reitet« gewissermaßen auf der hochfrequenten Beschleunigungswelle.

Die Geschichte der Erfindung des Synchrotrons ist sehr interessant. Der Gedanke muß damals in der Luft gelegen haben. Edwin M. McMillan fand das wichtigste Prinzip dafür in Amerika und hat es im Jahr 1945 in der Zeitschrift »Physical Review« in einem sehr eleganten und nur zwei Seiten langen Artikel publiziert, der weltweit berühmt wurde [Mc45].

Vladimir Veksler fand fast zur gleichen Zeit das Prinzip in Moskau [Ve45], sicher ganz unabhängig, und hat es in einer sehr ausführlichen Arbeit beschrieben. Und Oliphant und seine Mitarbeiter hatten anscheinend das Prinzip (jedenfalls zum Teil) in England auch erdacht, ebenfalls auf unabhängige Art.

Ich hatte zu diesem Thema das oben erwähnte Patent angemeldet, ohne von den anderen etwas Genaueres zu wissen. Letzteres war natürlich nur möglich, weil McMillans Publikation erst einige Monate später in Norwegen ankam. Und all dies war eine Folge des Krieges, der den wissenschaftlichen Kontakt und die gegenseitige Information weitgehend unterbrochen hatte.

Mein Patent ging von den Driftröhren aus, die dann zur Beschleunigung in einem Ring weiterentwickelt wurden, als sogenannte »Lambda/2«- und »Lambda/4«-Resonanzbeschleuniger.

Aber das Patent enthielt noch viele weitere Einzelheiten, die sehr bedeutungsvoll sind und heute als selbstverständlich beim Bau von Synchrotrons angesehen werden. Beispielsweise enthält es den Passus, daß die Beschleunigungsfrequenz direkt durch die Umlauffrequenz der Teilchen bestimmt werden soll, eine sehr wichtige Bedingung.

Viel später, beim Bau des 30 GeV CERN-Proton-Synchrotrons, hatte einer der Planer dieser Maschine, den ich gut kannte, Dr. Christoph Schmelzer, eine andere Lösung vorgesehen. Er wollte die Beschleunigungsfrequenz durch einen Rechnerautomaten der Umlauffrequenz der Protonen anpassen. Dies funktionierte aber nicht. Erst als er die beiden Frequenzen miteinander starr koppelte, funktionierte das Prinzip. Schmelzer nannte das »Phase-Lock«, und er sandte ein Telegramm an Niels Bohr: »Phase-Lock, Phase-Lock über alles!!«

Die Magnete eines Synchrotrons müssen nur auf dem relativ dünnen Strahlrohr des Ringes ein Feld erzeugen und nicht in der mittleren Gegend der Umlaufbahn, wie das sowohl bei Betatrons wie auch bei Zyklotrons noch nötig war. Es ergibt sich somit bei Synchrotrons eine erhebliche Reduzierung der Kosten des Beschleunigers, oder man konnte eben mit dem gleichen Geld eine viel größere Maschine bauen.

Eine interessante Idee war auch der Vorschlag, für die Beschleunigung ein Vielfaches der Umlauffrequenz zu verwenden. Hierdurch können die Amplituden der Synchrotronschwingungen verkleinert werden. Dies war sehr wichtig für eine weitere

Reduzierung des Strahlrohrdurchmessers. Dadurch können die Ablenkmagnete noch kleiner dimensioniert werden.

McMillan hat in seiner Arbeit gleich angekündigt, daß in seinem Institut, dem Radiation Laboratory der Universität Kalifornien, schon ein Synchrotron für 300 MeV geplant wurde, das dann auch im Januar 1949 in Betrieb genommen ist. Schon vorher, und zwar noch im Jahr 1946, hatten allerdings in England die beiden Physiker F. K. Goward und D. E. Barnes [Go46], das Prinzip des Synchrotrons mit einem modifizierten Betatron genau verifiziert. Sie bauten eine Beschleunigungsstrecke aus Drahtgittern um die Vakuumröhre herum (genau nach den von MacMillan und in meinem Patent spezifizierten Bedingungen), mit denen sie die Elektronen nachbeschleunigen konnten. Damit erreichten sie die doppelte Energie, die vorher das Betatron hatte und zwar 8 MeV. Somit war schon sehr früh der Weg für weitere Entwicklungen angezeigt!

Der Vollständigkeit halber sollte ich hier noch das Prinzip der starken Fokussierung erwähnen, das zwar erst später entwickelt wurde, aber heute zu den Grundlagen des modernen Synchrotronbaues gehört.

Es war Anfang August 1952, als ich damals auf der Rückreise aus Australien (wo ich Vorträge über das Betatron gehalten hatte) durch Amerika fuhr und nach Brookhaven kam. Hier traf ich Odd Dahl und Frank Goward vom CERN, und auch Ernest Courant, Hartland Snyder, Stan Livingston und andere interessante Leute, die einige Wochen vorher die starke Fokussierung mit Hilfe der sogenannten »alternierenden Gradienten« erfunden hatten. Es werden Magnete unterschiedlicher Form (»Gradienten«) alternierend eingebaut und dadurch die Strahlquerschnitte weiter reduziert, der Strahl wird stärker »fokussiert«, also gebündelt. Noch größere Beschleuniger konnten nach diesem Prinzip gebaut werden.

Ich hatte vorher in Hamburg eine andere Variante zur besseren Bündelung der Teilchenstrahlen vorgeschlagen, die ich als »Linsenstraße« schon im September 1943, als wir gerade mit dem Bau unseres Betatrons anfingen, zum Patent angemeldet hatte. Ich hatte ja schon länger über dieses Problem nachgedacht. Aber die »alternierenden Gradienten« waren viel einfacher zu realisieren und wohl auch besser.

Der erste Erfinder dieser Methode war übrigens der Grieche Nicholas Christofilos, der die Idee schon im März 1950 als Patent angemeldet hatte. Es wurde aber erst am 28. Februar 1956 anerkannt und veröffentlicht. Er arbeitete bei der Firma Westinghouse, und ich traf ihn später einmal auf einem Kongreß in Rußland.

Nun aber zurück zur Geschichte meines Lebens. Noch vor Ostern 1946 erhielt ich in Oslo einen Paß und konnte auf einen kurzen Besuch in die Schweiz fliegen. Dort traf ich Professor Paul Scherrer, einen sehr gemütlichen Herrn. Nach ihm wurde später das große Schweizer Forschungszentrum in Villingen benannt, das heutige »Paul Scherrer Institut«, PSI. Es liegt ziemlich nahe bei meinem heutigen Wohnort Nussbaumen, nicht weit von Baden (CH).

Ich traf damals auch einen der Herren Boveri. Ich glaube, es war Walter Boveri, aber es könnte auch Theodor Boveri gewesen sein. Wir verabredeten, daß ich in Baden bei Brown Boveri (BBC) ein großes Betatron bauen sollte. In Norwegen wäre das jedenfalls nach unserer Meinung damals nicht möglich gewesen. Es gab dort keine dafür geeignete Infrastruktur, so zum Beispiel keine Glasbläser und kaum Vakuumtechnik.

10 Baden – Betatrons für BBC

Im Frühling 1946, als meine Lage in Norwegen genügend geklärt war, fuhr ich also in die Schweiz und habe die ersten Arbeiten für ein Betatron in die Wege geleitet. Es wurden damals schon recht genaue Konstruktionszeichnungen hergestellt. Es handelte sich um eine Maschine, in der Elektronen bis zu 31 MeV Energie erreichen sollten, was also einer Beschleunigung mit 31 Millionen Volt entspricht.

Die Energie von 31 Millionen Elektronenvolt hatten wir gewählt, weil wir vorhatten, die Elektronen aus der Röhre herauszuführen (was wir später auch taten). Die Elektronen würden dann nämlich in 10 cm Wassertiefe (oder in dem entsprechenden Körpergewebe) eine hinreichende medizinische Wirkung ausüben können. Die ganze Apparatur war in erster Linie für medizinische Anwendungen gedacht.

Das Eisenjoch sollte aus 6 sternförmig angeordneten Einzeljochen bestehen, eine Konstruktion, die mir aus der Herstellung von Transformatoren sehr gut bekannt war. Die Joche bestanden aus zusammengeschweißten Eisenplatten. Herr Hartmann konstruierte und baute dann mit einigen BBC-Mitarbeitern die Maschine nach meinen Anweisungen weiter.

Es war am 19. August 1946, als wir, meine Frau, die drei Kinder und ich, in unserem Wagen Oslo verließen, zunächst auf dem Schiff nach Amsterdam, und dann via Luxemburg nach Zürich. Alles ging dort sehr formlos vor sich. Ich bekam irgendwie eine Arbeitserlaubnis – ich weiß selbst nicht wie. Offenbar war es damals ein Fall von »established facts«, den BBC geregelt hatte. Wie sich Ragnhild sehr genau erinnert, mußte ich im Oktober nochmals nach Norwegen fahren wegen einer gerichtlichen Verhandlung. Es ging wohl um meine Arbeit in Deutschland. Ich wohnte in Oslo bei meinen Eltern. Dann bekam ich wieder einen Paß und durfte im November endgültig nach Zürich zurückfahren.

Als das Betatron Anfang 1947 Gestalt annahm, bekamen wir vom zuständigen Leiter der BBC-Abteilung in Baden einen »Arbeitsplatz« zugewiesen. Es handelte sich um einen Tunnelabschnitt unter einer großen Halle, in der Generatoren geprüft wurden. Es war einer der Tunnel, durch die erwärmte Kühlluft und etliche andere Dämpfe abgesaugt wurden und von denen aus man auch die großen Maschinen von unten inspizieren konnte.

In einem solchen Tunnel durften wir also mit dem Aufbau des Betatrons beginnen. Es waren sehr schlechte Arbeitsbedingungen. Über unseren Köpfen hatten wir die großen Maschinen, und jedesmal, wenn sie angelassen wurden, konnte man kein Wort verstehen; wir mußten flüchten. Ab und zu wurden die Wicklungen der Generatoren mit verschiedenen Isolierstoffen imprägniert. Dann war es nicht möglich, im Tunnel zu atmen, weil die Dämpfe abgesaugt wurden. Aber irgendwie ging es doch weiter.

Wir hatten auch Schwierigkeiten, das Betatron zum funktionieren zu bringen. Dies war, weil die Maschine 6 Jochteile hatte, die nicht identisch waren, was wiederum zur Folge hatte, daß die magnetischen Flüsse, wenn sie sehr klein waren (wie es ja bei der Injektion der Elektronen nötig ist), mit kleinen Zeitunterschieden durch Null gingen. Dadurch gab es von Joch zu Joch recht starke Schwankungen der magnetischen Steuerfelder. Das Einschießen der Elektronen gelang nur selten.

Bei der Hamburger Maschine hatten wir nur zwei Jochteile, und deswegen war das Einjustieren viel einfacher. Auch Kersts Maschine (in USA) für 20 MeV hatte nur zwei Joche. Wir fanden die Lösung ziemlich bald (es war wohl im Januar 1948), indem wir jedes Joch mit 10 Windungen versahen, die über einen einstellbaren Widerstand kurzgeschlossen wurden. Wir konnten auf diese Art die Steuerfelder beim Einschießen der Elektronen genau optimieren. Die Felder wurden mittels kleiner Permaloy-Streifen über den Luftspalt gemessen. Die 6 Jochteile erwiesen sich dann übrigens als recht vorteilhaft, weil sie viel von der beim Betrieb entstehenden hochenergetischen Röntgenstrahlung abschirmten.

Die prekären Platzverhältnisse führten bald dazu, daß wir große

Röntgenstrahlen-Dosen bekamen. Es gab nicht genügend Platz für Abschirmungen. Wir fuhren deswegen jede Woche in das Kantonsspital in Zürich, um die Zahl der weißen Blutkörperchen zu kontrollieren. Lag sie unter 3000 pro Kubikmillimeter, mußten wir Urlaub nehmen. Als wir die Leistungen der Maschine weiter steigerten, wurde die Strahlung sogar für die Arbeiter in der Halle darüber zu hoch. Letzteres war nun für eine wichtige Verbesserung entscheidend: Wir bekamen endlich ein geeignetes Strahlenlabor, in dem wir uns vor der Strahlung schützen konnten.

Bei BBC hatte ich freie Hand und konnte – freilich bis auf den Arbeitsort – praktisch alles selbst bestimmen. Das kam daher, daß sonst niemand etwas von Betatrons verstand. Ich hatte einfach den Auftrag, ein Betatron zu bauen. Und das habe ich im wesentlichen Professor Scherrer zu verdanken, der sich für den Bau des Betatrons sehr stark eingesetzt hatte. Sein Interesse war wohl entscheidend. Und BBC wollte irgendwie in der Atom- und Kernphysik »dabei sein«; das Betatron lag in dieser Richtung, obwohl es von Anfang an nur für medizinische Zwecke gedacht war. Die 31 Millionen Volt hatten eben eine hypnotisierende Wirkung. Und die Atombomben, die in Japan explodierten, hatten die Industrie auch für das Thema Atomphysik sensibilisiert.

An dieser Stelle muß ich auch die Unterstützung von Walter Boveri nochmals erwähnen. Er war ein guter Freund von Professor Scherrer. Später, aber nicht viel später, kam auch Professor Dr. Hans Rudolf Schinz von der Universität Zürich mit ins Bild, der den Bau von Betatrons auch stark befürwortete. Er leitete die Strahlentherapie im Kantonsspital Zürich. Außer den medizinischen Anwendungen wurden die Betatrons aber auch für die zerstörungsfreie Materialprüfung sehr wichtig. Selbst das Hamburger 15-MeV-Betatron wurde ja schon in England dafür eingesetzt.

Als wir uns dann in dem Strahlenlabor eingerichtet hatten, ging alles recht schnell voran, und im Herbst 1949 brachten wir die Maschine ins Kantonsspital nach Zürich, wo ein speziell eingerichteter Raum auf sie wartete. Es gab noch viel zu tun, besonders

Bild 10.1: Schema der BBC-Betatrons, aus einem Patent von Rolf Wideröe [Wi49].

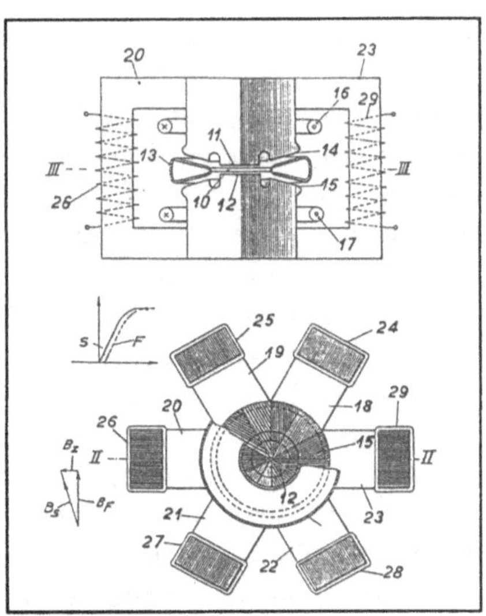

Bild 10.2: Das 31-MeV-Betatron von BBC im Bau, links Herr Gamper, rechts Rolf Wideröe (Foto BBC).

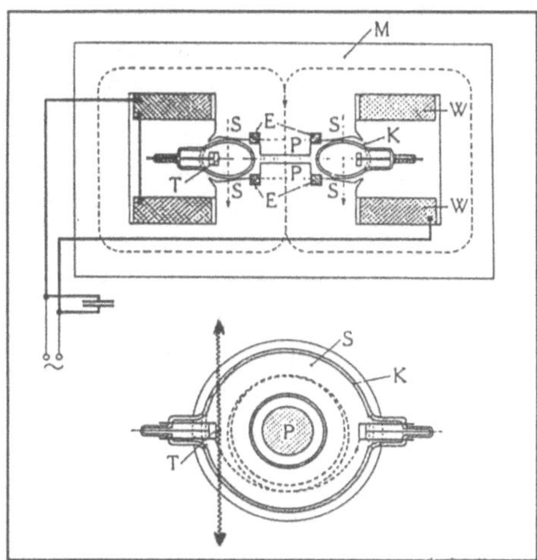

Bild 10.3: Prinzipschema des Zweistrahl-Betatrons von BBC.
M = Eisenkörper des Magnetkreises
P = zentrale Magnetpole
S = Steuerpole
W = Erregerwicklungen
E = Expansionswicklungen
K = Kreisröhre
T = Antikathode (Target)
[Wi62].

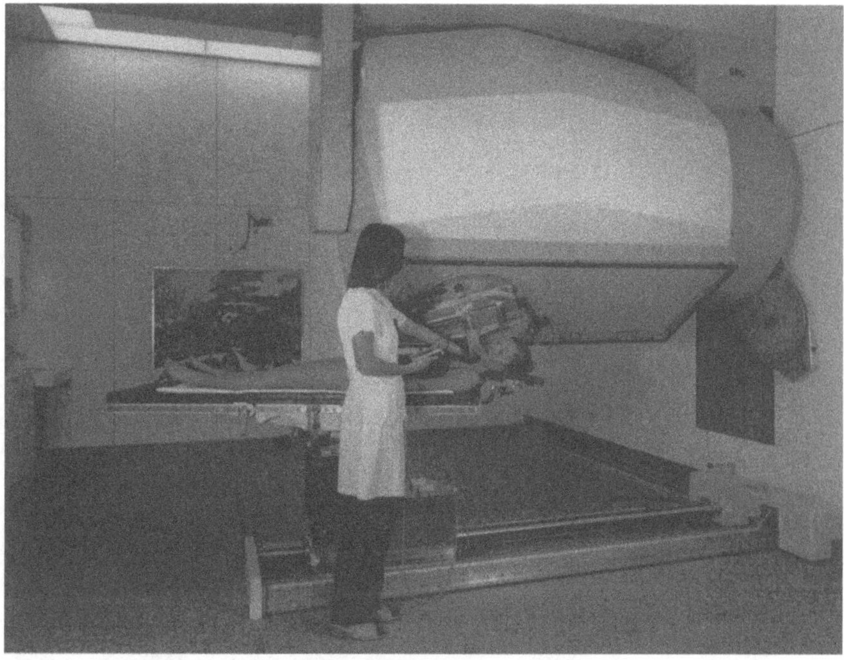

Bild 10.4: Betatron-Strahlentherapie, Inselspital Bern (Foto BBC).

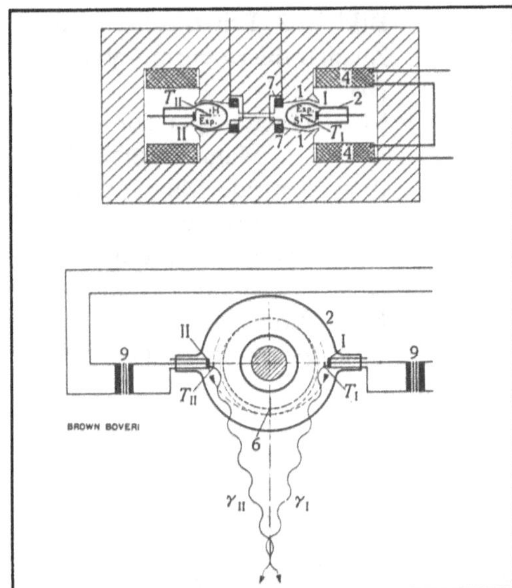

Bild 10.5: Zweistrahl-Stereo-Betatron von BBC für die Materialprüfung
1 = Magnetpol
2 = Kreisröhre
4 = Erregungswicklung
6 = Sollkreis
7 = Expansionswicklung
9 = Impulswandler
I+II = Elektronenspritzen
$T_I + T_{II}$ = Targets
$\gamma_I \gamma_{II}$ = Röntgenstrahlen
[Se58].

Bild 10.6: Betatronprüfung eines Peltonrades bei der Georg Fischer AG, Schaffhausen. (Foto BBC)

mit dem Strahlenschutz. Viele Messungen wurden durchgeführt, und viel Abschirmung mußte noch eingebaut werden, als Schutz gegen unerwünschte Röntgenstrahlen und sogar gegen Neutronen, die an solch einer Maschine nämlich auch entstehen. Bleiplatten und später auch borhaltige Substanzen wurden zur Abschirmung benutzt.

Ich erinnere mich, daß eines Tages Professor Schinz mit einem Besucher zu uns kam, und ich lag gerade unter der Maschine. Er zeigte mit seinem Stock auf mich und sagte: »Hier liegt mein größter Feind«. Für ihn ging es nicht schnell genug. Aber wir wurden doch fertig, und im April 1951 wurden die ersten Patienten bestrahlt.

Schon 1952 konnten wir zwei weitere Betatrons ausliefern, eines an das Inselspital in Bern und eines an das Radiumspital in Oslo. Über letzteres möchte ich noch einiges erzählen. Wie mir mein Freund Olav Netteland berichtete, hat Dr. Johan Baarli, der spätere Chef des Strahlenschutzes für ganz Norwegen, im Krankenhaus die Zahl der Neutronen in der Umgebung gemessen: es waren viel zu viele! Er nannte das ganze »Wideröes Sterilisierungsmaschine«, – wenn ich mich richtig erinnere. Aber Baarli hatte damals bei seinen Messungen den Unterschied zwischen den gefährlichen schnellen Neutronen und den relativ harmlosen langsamen Neutronen nicht berücksichtigt. Und irgendjemand hatte behauptet, daß er Kopfweh bekommen hatte... Ich glaube, die meisten der damaligen Messungen waren schlicht falsch.

Wir hatten zwar gewisse Strahlungsschutz-Vorschriften, aber sie waren noch nicht genau festgelegt. Die erlaubten Strahlendosen lagen etwa fünfmal höher als die heutigen, die ja sehr niedrig sind. In Kerala in Süd-Indien lebt die Bevölkerung ständig mit Strahlendosen, die fünfmal höher als die bei uns erlaubten sind. Dies kommt vom Monazitsand. Aber die Bevölkerung scheint dadurch nicht geschädigt zu werden.

Ich erinnere mich, daß die Bestellung, die wir damals vom Radiumspital in Oslo erhielten, die ungewöhnlichste war, die Brown Boveri je bekommen hat. In einem Brief schrieb der Leiter des Krankenhauses, Dr. Reidar Bjarne Eker, schlicht: »Wir bestellen ein Betatron«, versehen mit seiner Unterschrift und mit dem Datum. Nichts über Energien oder andere Daten. Wir bauten dann für ihn ein 31-MeV-Betatron zur Erzeugung von Röntgenstrahlen.

Erst 1956 ist es uns gelungen, die Elektronen aus der Glasröhre unserer Betatrons herauszulenken, nach einem Verfahren, für das ich schon einige Jahre vorher ein Patent angemeldet hatte [Wi52]. Wir haben dann 1957 ein schon 1953 nach Bern geliefertes Betatron auf diese zusätzliche Betriebsart umgebaut. Im Luftspalt oberhalb der Ringröhre wurden spezielle Ablenkspulen eingebaut. Sie wurden »Pfannkuchenspulen« genannt, weil sie sehr flach waren.

Viele unserer Betatrons konnten übrigens gleichzeitig zwei Strahlen liefern, in entgegengesetzter Richtung, wie in Bild 10.3 gezeigt ist. Die Röhre wurde dadurch besser genutzt, weil sowohl während des positiven, wie auch des negativen Anstiegs des Wechselstromes Teilchen beschleunigt wurden. Somit konnte man in zwei getrennten Räumen Patienten gleichzeitig behandeln. Die Elektronenspritzen mußten dafür natürlich Elektronen in beiden Richtungen abgeben, und die Elektroden, an denen die Röntgenstrahlung entstand, mußten geeignet geformt sein.

Eine interessante Variante wurde für die zerstörungsfreie Untersuchung großer Bauteile entwickelt. Die Röntgenstrahlung wurde an zwei entgegengesetzt liegenden Punkten der Röhre erzeugt, so daß man das Werkstück aus zwei Richtungen durchleuchten konnte und somit zwei Stereobilder des Inneren erhielt (s. Bild 10.5). Die »Quellen« der beiden Röntgenstrahlen konnten wir auf einige Zehntel Millimeter reduzieren, um eine bessere Auflösung der Aufnahmen zu erreichen. Aber das hatten wir alles gut im Griff, und unsere Betatrons gehörten sicher zu den besten, die von der Industrie geliefert wurden.

Vielleicht ist es interessant, hier die Entwicklung der Röntgentherapie im Radiumspital in Oslo zu erwähnen. Ähnliche Vorgänge fanden nämlich in anderen Ländern auch statt. Zunächst sollte während des Krieges in Bergen ein Generator für hohe Spannun-

Kasten 12

Betatrons und Industrie

Der Bedarf an Betatrons für medizinische Zwecke und für die zerstörungsfreie Untersuchung von Bauteilen (weniger für die Forschung) wurde von der Industrie nach den ersten Veröffentlichungen von Kerst und Serber im Jahr 1941 sehr gut verstanden. Sowohl in Europa wie auch in Amerika wurden interessante Entwicklungen, schon während des Krieges, veranlaßt, hauptsächlich in Hinblick auf die Nachfrage, die nach dem Krieg zu erwarten war.

In den USA haben sich die Firmen General Electric (wo Kerst schon im Jahr 1942 sein 20-MeV-Betatron gebaut hatte), Westinghouse (wo Slepian ja 1922 das erste Patent für eine Vorstufe des Betatrons eingereicht hatte) und Allis-Chalmers mit der kommerziellen Produktion von Betatrons im Energiebereich von 20 MeV beschäftigt.

In Europa hatte Konrad Gund die Entwicklungen von Max Steenbeck fortgesetzt und in den Siemens-Reiniger-Werken in Erlangen die schon erwähnten 6- und 15-MeV-Maschinen gebaut (die später auch 18 MeV erreichten), während Wideröe bei Brown Boveri (BBC) in Baden in der Schweiz ab 1946 die so erfolgreichen 31- bis 45-MeV-Apparate entwickelt und produziert hat.

Das Interesse der Firma Philips an Betatrons hatte sich ja schon 1944 erwiesen, bei der Zusammenarbeit zwischen Wideröe und der Firma C. H. F. Müller in Hamburg (die ja zum Philips Konzern gehörte). Später hat A. Bierman bei Philips in Eindhoven Betatrons sowohl mit wie auch ohne Eisenkern gebaut. Die eisenlosen Betatrons für 9 MeV wurden gepulst betrieben. Philips hatte auch mit BBC gute Beziehungen, wie sich am Beispiel der Herstellung der Elektronenquellen für Wideröe ja zeigte.

In einem Artikel aus dem Jahr 1962 [Wi62] beschreibt und vergleicht Wideröe die drei Betatrontypen, die damals von Siemens-Reiniger in Deutschland, Allis-Chalmers in USA und BBC in der Schweiz für den Einsatz in Krankenhäusern gebaut wurden. Es werden auch die damals schon für medizinische Zwecke einsetzbaren Linearbeschleuniger beschrieben.

Die genaue Zahl der insgesamt gebauten Betatrons ist schwer zu schätzen. Weltweit wurden wohl mehr als 200 Betatrons von kommerziellen Firmen installiert, von denen 78 Stück von BBC stammten.

gen, eine »Van-de-Graaff-Maschine« gebaut werden, wie es Odd Dahl in seinem 1981 veröffentlichten Buch sehr schön beschreibt [Da81].

Zuerst wurde versucht, den Apparat bei Philips in den Niederlanden bauen zu lassen, was sich aber als zu teuer erwies: Man hatte gerade 150 000 Kronen dafür sammeln können, und das war zu wenig. Man muß hier bedenken, das solch ein »Van-de-Graaff« die Röntgenstrahlung eines Kilogramms Radium ersetzte. Und ein Gramm Radium kostete damals etwa eine Million Kronen!

Philips hatte geraten, den Bau selbst durchzuführen, vor allem, weil ja Odd Dahl den technischen Ablauf leiten konnte. Dahl hatte solch eine Hochspannungsmaschine schon in USA erfolgreich gebaut und betrieben. Die Apparatur wurde in einem Anbau des Bergen-Krankenhauses 1941 fertiggestellt und erreichte 1,7 Millionen Volt. Dann leitete Dahl den Bau einer weiteren solchen Maschine im Haukeland-Spital. Sie konnte sogar 2 Millionen Volt erreichen. Und schließlich wollte man eine ähnliche Maschine für das Radiumspital in Oslo.

Als aber 1948 die Betatrons aktuell wurden, bestellte der Chefarzt des Radiumspitals, Dr. Bull-Engelstad, ein Betatron bei der Firma Siemens in Erlangen. Es sollte 1949 geliefert werden und 6 MeV Energie haben. Solch eine Apparatur wurde dort ja schon während des Krieges entwickelt. Die ersten Teile der Van-de-Graaff-Maschine des Radiumspitals wurden daraufhin der Universität Bergen geschenkt. Dies war die Lage, als Olav Netteland im Radiumspital anfing, im September 1949.

Im Herbst 1949 fuhr Netteland nach Erlangen, um das 6-MeV-Betatron zu sehen. Aber damals entwickelte Siemens bereits ein 12- oder sogar 18-MeV-Betatron. Zu der Zeit waren wir in Baden bei BBC schon recht weit mit der 31-MeV-Maschine für das Kantonsspital. Im Jahr 1950 gab es einen Radiologenkongreß in London, und hier hat Siemens die 6-MeV-Maschine ausgestellt. Später zeigte sich allerdings, daß es sich um ein nicht funktionsfähiges Ausstellungsmodell handelte, in dem gar keine Röhre eingebaut war.

Dann hat Olav Netteland Kontakt mit mir aufgenommen, und im September 1951 kam er mit Oberarzt Dr. Steen in die Schweiz, um unser 31-MeV-Betatron im Kantonsspital zu sehen, das ja schon im Betrieb war. Im Herbst des gleichen Jahres fuhr ich nach Erlangen. Hier hatte Siemens noch immer nur das 6-MeV-Betatron vorzuzeigen. Die 12-MeV-Maschine war noch lange nicht fertig. Deswegen fiel es mir nicht schwer, die Bestellung bei Siemens annullieren zu lassen. Prof. Eker hat also im Herbst 1951 »ein Betatron« bei BBC bestellt, und wir haben ihm im Sommer 1952 eine 31-MeV-Maschine geliefert. Die Inbetriebnahme dauerte knapp 6 Monate. Ich glaube, daß Siemens dem Radiumspital dann doch noch eine Maschine zur Verfügung gestellt hat, aber darüber habe ich keine genauen Angaben.

Ich hatte dann noch öfter Kontakt mit dem Radiumspital in Oslo, besonders mit Professor Eker. Meine Briefe von damals habe ich aufbewahrt. Erst 1953 wurde dort mit der Röntgentherapie begonnen. Im ersten Jahr hatten wir auch einige Probleme. Die Kathode der Elektronenspritze hatte nur eine sehr kurze Lebensdauer. Wir mußten die Röhren sehr oft wechseln. Unsere damaligen Oxydkathoden lebten im Durchschnitt nur 500 bis 1000 Stunden. Dies war viel zu wenig. Wir experimentierten mit anderen Kathoden, aber unsere Versuche waren nicht sehr erfolgreich. Das in den Kathoden enthaltene Bariumaluminat griff den Glühdraht an und löste ihn auf. Olav Netteland meinte zwar, es sei im zweiten Jahr schon viel besser gewesen, aber die endgültige Lösung kam erst, nachdem ich die Firma Philips in Eindhoven besucht hatte, die dafür eine von ihnen patentierte Methode vorschlug. Es war im Herbst 1957.

Philips lieferte uns danach Kathoden in Röhrchenform aus gesintertem Wolframpulver, das mit Bariumaluminat getränkt war (was etwa 30 Volumenprozent entsprach). In das kleine Röhrchen bauten wir einen dünnen Zylinder aus Aluminiumoxyd ein und darin dann einen Glühdraht. Wir mußten sehr aufpassen, daß der Glühdraht überall durch das Aluminiumoxyd gut geschützt war und nicht irgendwo mit Bariumaluminat in Verbindung kommen konnte, sonst wurde er angefressen und zerbrach sehr schnell. Die günstigste Temperatur für den Glühfaden war etwas unterhalb 1100°C. Bei dieser Temperatur diffundiert etwa soviel Bariumoxyd zur Kathodenoberfläche wie hier durch Ionenbombardement verbraucht wurde.

Diese Kathoden waren sehr robust. Sie wurden nicht durch Überschläge zerstört, regenerierten sich sehr schnell und hatten eine unglaublich lange Lebensdauer, bestimmt mehr als 20 000 Stunden, vielleicht sogar 40 000. Wir haben dann Betatrons gebaut, die ohne Röhrenwechsel eine Lebensdauer von mehr als 25 Jahren erreicht haben. Einige sind wohl heute noch in Betrieb.

Ich hatte einen sehr tüchtigen Mechaniker, Herrn W. Gräf, der die sehr heiklen Arbeiten beim Bau der Kathode durchführen konnte. Wir verdanken ihm viel von der Langlebigkeit unserer Maschinen. Er kümmerte sich auch um die Fabrikation der Glasröhren. Wir hatten bei BBC auch sehr gute Leute in unserer Abteilung, die vor Ort den Benutzern bei der Installation, beim Start der Maschine und beim Betrieb halfen. Es wurden auch alle Reparaturen durchgeführt und Ersatzteile geliefert. Die von mir ab 1954 geleitete Abteilung hieß übrigens »EA« (Elektrische Akzeleratoren) und nach 1973 wurde sie dann »EKB« genannt (Elektrische Komponenten Betatrons).

Es wäre eine lange Liste, wenn ich alle Mitarbeiter hier nennen würde, die im Laufe der Jahre zu unserem Erfolg beigetragen haben. Ich hoffe, sie werden mir nicht böse sein, wenn ich sie hier nicht alle namentlich aufzähle! Aber einige möchte ich doch noch erwähnen, wie zum Beispiel Dr. A. von Arx, Dr. M. Sempert, Dr. H. Nabholz, Herrn K. E. Drangeid (ein Norweger, der später in das Forschungslabor der IBM ging), Herrn Gamper (Materialprüfung), Herrn von Dechend (Konstrukteur), Herrn Jonitz (Chef der Werkstatt) und die Herren Vikene, Fischer und Gerber, die sich um die Montage und Inbetriebnahme kümmerten.

Die Betatrons wurden bis in die achtziger Jahre produziert. BBC hat davon 78 Stück bis 1986 ausgeliefert. Ich hatte für die Firma BBC bis dahin 53 Patente angemeldet, die meisten sowohl in Deutschland wie auch in der Schweiz. Es war also eine sehr produktive Zeit. Somit hatte die Liste aller meiner Patentanmeldungen etwa die Zahl 200 erreicht. Alle diese Patentanmeldungen sind in der Bibliothek der ETH in Zürich aufbewahrt.

Im Jahr 1959 haben wir an das private Krankenhaus »Casa di Cura S. Ambroglio« in Mailand den Prototyp eines beweglichen Betatrons geliefert. Es wurde von Professor Dr. P. L. Cova bestellt und war noch vor einigen Jahren in Betrieb. Die Apparatur drehte sich um den Patienten. Wir nannten es »Asklepitron«, nach dem griechischen Gott der Heilkunde: »Asklepios« (oder »Äskulap«). Ab 1967 konnten wir die Energie der Elektronen unserer Betatrons auf 35 MeV erhöhen und 1970 sogar auf 45 MeV, was für manche Anwendung wichtig war.

Ich hatte auch eine magnetische Linse entwickelt, mit der man die Elektronen aus verschiedenen Richtungen immer auf die zu bestrahlende Stelle dirigieren konnte. Dadurch wurden Schäden im gesunden Gewebe auf ein Minimum reduziert. Diese Linse war auch ein großer Verkaufserfolg. Viele Krankenhäuser bestellten das Betatron gleich mit einer magnetischen Linse ausgestattet.

Nach 1970 wurde die Nachfrage nach Betatrons geringer. Man konnte dann Linearbeschleuniger bauen, die kleiner und leichter waren als unsere Betatrons. Aber vor allem waren sie billiger, was schließlich entscheidend war. Später hat die Firma Varian die ganze Abteilung, die ich leitete, von BBC übernommen. Und BBC war in der Zwischenzeit in Asea Brown Boveri, also ABB umgetauft worden.

Die für mich wichtigste Maschine, die in unserer Abteilung bei BBC nach den Betatrons entwickelt wurde, war das Synchrotron oder vielleicht besser »Beta-Synchrotron« für die Universität Turin, das ich im folgenden etwas genauer beschreiben möchte.

Kasten 13

BBC-Betatrons von 1949 bis 1986

Land	31-MeV Indust./ Forsch.	31-35 Mediz. (fest)	Magn.- Linsen	Asklepitrons: (beweglich) 35 MeV	45 MeV
Belgien	1	-	-	3	-
Dänemark	-	-	2	3	-
Deutschland	2	-	2	2	2
Finnland	-	-	1	2	1
Frankreich	2	1	2	5	-
Griechenland	-	-	-	-	1
Großbritannien	1	-	1	2	-
Hong-Kong	-	-	-	1	-
Israel	-	-	1	1	-
Italien	2	1	-	2	1
Japan	1	-	-	-	-
Jugoslawien	-	1	-	-	-
Kanada	-	-	-	2	1
Norwegen	-	1	-	1	1
Österreich	-	-	1	2	1
Schweden	-	-	-	4	-
Schweiz	1	2	2	2	5
Spanien	-	-	-	-	2
USA	-	-	2	5	7
Tschechoslowakei	-	-	-	-	1
UdSSR	1	-	-	-	-
V.R.China	-	-	1	1	-
Summen:	11	6	15	38	23

Insgesamt 78 installierte Betatrons und 15 magnetische Linsen.

11 Turin – das Beta-Synchrotron

Der Bau von Betatrons bei BBC, in denen die Elektronen 31 oder 45 MeV Energie erreichten, war ein großer Erfolg. Es gab aber gute Gründe, mit Betatrons keine noch höheren Energien anzustreben, wie ich aus eigener Erfahrung sehr gut wußte. Schon gegen Ende des Krieges (1944) hatte nämlich die Firma BBC (Mannheim) den schon erwähnten vorläufigen Auftrag vom deutschen Luftfahrtministerium erhalten, Pläne für ein Betatron für 200 MeV nach meinen Vorstellungen zu erstellen. Bei Kriegsende wurden diese Projekte aufgegeben. Diese Vorschläge hätten, nach meiner heutigen Meinung, sehr wahrscheinlich zu keiner funktionsfähigen Maschine geführt.

Donald Kerst hatte schon 1942 bei der Firma General Electric sein zweites Betatron für 20 MeV erfolgreich gebaut und in

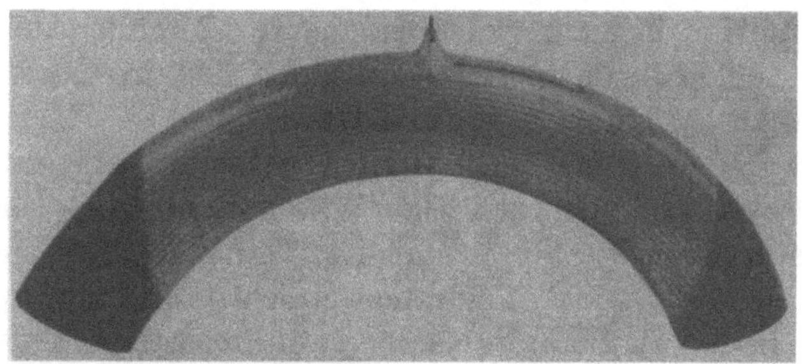

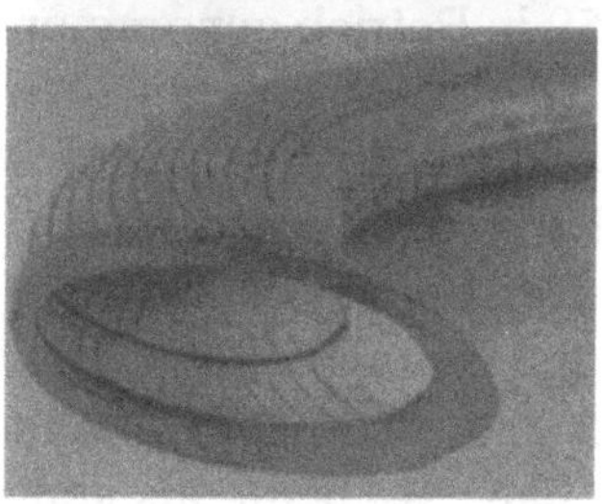

Bild 11.1: Die Beschleunigungsstrecke des Torino Synchrotrons [Go 64].

Betrieb genommen [Ke42]. Dann haben bei der gleichen Firma W. F. Westendorp und E. E. Charlton ein 100-MeV-Betatron erstellt, das 1945 fertig wurde [We45].

In der Zwischenzeit war Kerst wieder an die Universität Illinois zurückgekehrt, hat zuerst eine Modellmaschine für 80 MeV gebaut und dann schließlich ein riesiges Betatron für 300 MeV. Dies war die größte je gebaute Maschine dieser Art, und sie ist sicher als die letzte Stufe in der Entwicklung von Betatrons zu betrachten.

Für höhere Energien konnte man, was Dimensionen und Herstellungskosten betrifft, mit den damals schon bekannten und erprobten Synchrotrons nicht mehr Schritt halten. Aber für praktische Anwendungen unter etwa 50 MeV haben sich die Betatrons lange Zeit bewährt. Später wurden für diesen Bereich auch Linearbeschleuniger entwickelt, die sich schließlich durchgesetzt haben, auch für therapeutische Zwecke.

Als ich 1946 bei BBC (Baden) meine Arbeiten wieder aufnahm, haben wir also nur mehr über kleinere Maschinen diskutiert, nämlich über die schon erwähnten 31-MeV-Betatrons. In der Zwischenzeit hatte ich ja auch viel über andere Methoden der Beschleunigung nachgedacht, insbesondere auch über das, was dann von McMillan Synchrotron genannt wurde.

Ab 1953 bin ich mehrmals nach Italien gefahren, um mit verschiedenen Physikern über den Bau von Synchrotrons zu sprechen. Professor Giorgio Salvini und Ing. Fernando Amman planten damals ein 1000 MeV Elektronen-Synchrotron, das im Süden von Rom, in den »Laboratori Nazionali di Frascati« gebaut werden sollte. Diese Maschine ist dann 1959 in Betrieb genommen worden.

Ich verhandelte auch schon 1953 mit einigen Professoren des Physikalischen Instituts der Universität Turin über einen neuen, etwas kleineren Elektronenbeschleuniger. Der Leiter des Instituts, Professor Gleb Wataghin, der aus Rußland stammte und auch länger in Brasilien gearbeitet hatte, und Professor L. Gonella waren meist meine Gesprächspartner. Ich habe sie beide als sehr

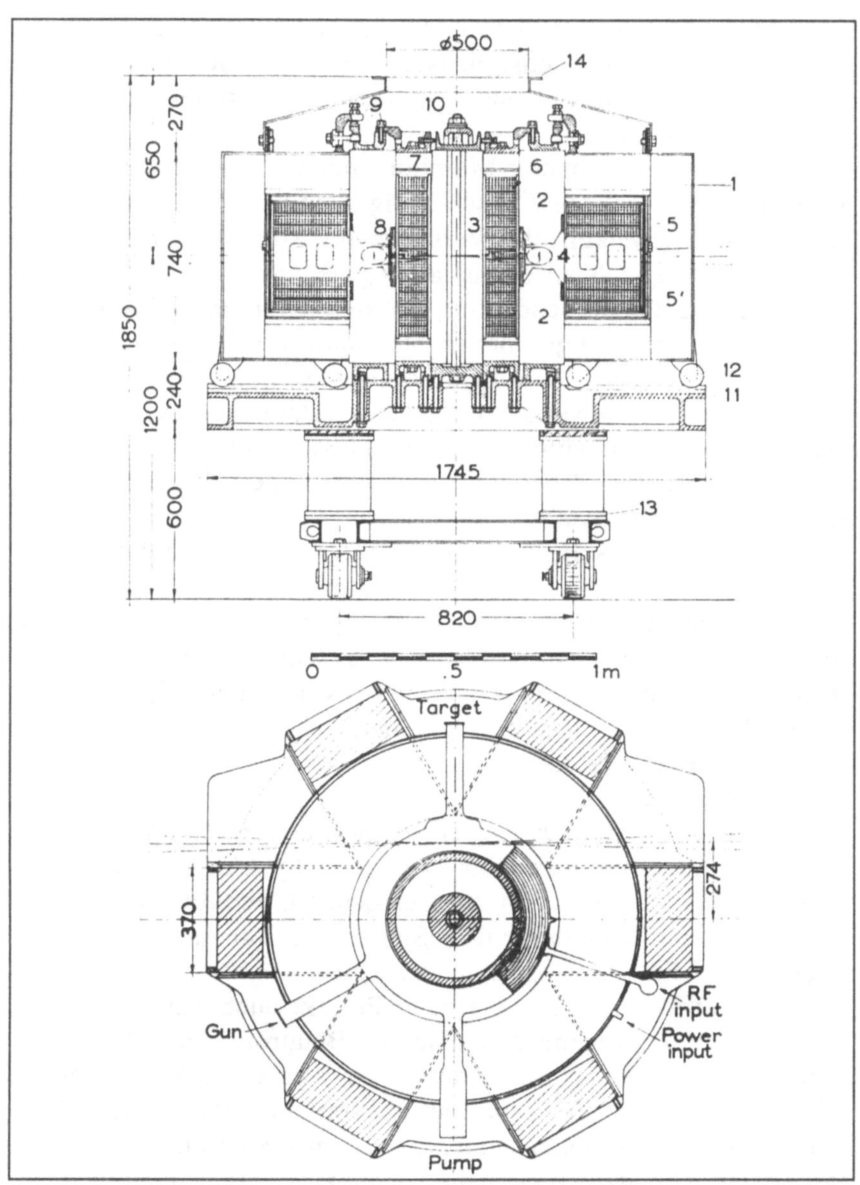

Bild 11.2: Schema des Torino Synchrotrons [Go64].

nette Menschen in Erinnerung. Das Projekt wurde übrigens zu gleichen Teilen vom »Consiglio Nazionale delle Ricerche« (CNR), von dem großen FIAT-Konzern in Turin und von der Universität Turin selbst finanziert.

Es handelte sich um eine Maschine, mit der man Elektronen bis auf etwas über 100 MeV beschleunigen sollte. Man hatte hauptsächlich kernphysikalische Versuche im Sinn, wofür auch die sekundär erzeugte Neutronenstrahlung sehr wichtig war.

Es war mir damals schon klar, daß sich dafür ein Betatron nicht eignete. Die Erfahrungen hatten bis dahin ja schon gezeigt, daß man mit dem Prinzip des Synchrotrons bei so hohen Energien eine viel kleinere Maschine bauen könnte und dabei auch viel bessere Ergebnisse erhalten würde. Aber für ein Synchrotron braucht man auch einen Injektor, also einen Vorbeschleuniger, der die Teilchen auf eine minimale Anfangsenergie bringt.

Die Physiker des Instituts in Turin waren bereit, relativ neue Wege zu beschreiten, um eine sehr kompakte, zuverlässige und preiswerte Maschine herzustellen, die dann vielleicht in Zukunft auch an anderen Forschungsstätten eingesetzt werden könnte. So entstand ein recht originelles Konzept, das sich allerdings an schon vorher durchgeführte Projekte anlehnte [Go64]. Dr. H. Nabholz von BBC hat am Projekt und am Bau dieser Maschine mit mir zusammengearbeitet.

Die Maschine sollte bis zu einer Energie von etwa 2 MeV als Betatron funktionieren und dann weiter als Synchrotron betrieben werden. Dies war für mich die Gelegenheit, endlich meine Entwicklungen und Kenntnisse über Synchrotrons an einer Maschine einzusetzen, die ich selbst zu bauen hatte.

Und natürlich basierte das neue Projekt auch auf den guten Erfahrungen, die wir mit dem Bau von Betatrons bei BBC schon hatten. So wurde das Eisenjoch auch wieder in sechs Teilen gebaut, die um den Zentralkörper angeordnet waren. Auch viele andere Details stammten natürlich aus unseren Betatrons. Aber das Wesentliche war für mich die höhere zweite Beschleunigungsstufe, mit der man über 100 MeV erreichen sollte.

Das Prinzip und die Theorie für den Synchrotronbetrieb hatte ich schon in meinem norwegischen Patent vom Januar 1946 [Wi46] genau dargestellt, das in Anhang 2 wiedergegeben ist. Und für den Anfangsbetrieb als Betatron sollten unter anderem einige Ideen realisiert werden, die ich in einem Patent aus dem Jahr 1948 beschrieben hatte.

Die Maschine sollte Elektronen in beiden Richtungen beschleunigen, wie es bei unseren Betatrons schon oft der Fall war. Der Radius der Elektronenbahn wurde auf 29 cm festgelegt, und man sollte die Frequenz des italienischen Stromnetzes, also 50 Zyklen pro Sekunde, benutzen, wie ich es bei all meinen Betatrons ja auch schon früher gemacht hatte.

Ein Teil des Vakuumrohres war als gebogene Driftstrecke ausgelegt, in dem die innere Fläche mit Silber beschichtet wurde, an der die hochfrequente Spannung von außen (durch eine kapazitive Kopplung) angelegt werden müßte. An den Enden, etwa wie bei meiner Aachener Driftstrecke, sollten die Elektronen bei jedem Umlauf weiter beschleunigt werden. Und damit entstanden aber auch viele neue Probleme. Ganz so einfach, wie ich es in meinem Synchrotron-Patent aus dem Jahr 1946 (s. Abbildung 5 in Anhang 3) dargestellt hatte, ging es nämlich nicht. Und eine simple Driftstrecke wie in Aachen war es auch nicht.

Wir hatten auch Probleme mit Sekundärelektronen, die auf der Innenwand der Röhre entstanden. Diese und andere Schwierigkeiten wurden durch eine Beschichtung der Beschleunigungsstrecke mit einer Graphitschicht behoben, die einen hohen elektrischen Widerstand hat. Wir mußten auch Längsrillen einfräsen und noch weitere Tricks anwenden, die wir alle in einer späteren Publikation [Go64] beschrieben haben.

Als es sich dann zeigte, daß wir für den Bau dieser Maschine doch länger brauchen würden als ursprünglich vorgesehen, hat die Firma BBC eines unserer 31-MeV-Betatrons für die Wartezeit zur Verfügung gestellt. Es wurde im Keller des Instituts, genau dort, wo später die neue Maschine hinkommen sollte, installiert und von 1956 bis 1959 betrieben.

Nachdem die 105-MeV-Maschine 1959 in Turin installiert war, haben die Physiker des Instituts und vor allem Professor Gonella, viele Forschungsarbeiten damit durchführen können. Gonella hatte auch bei der Installation und beim Start der Maschine tatkräftig mitgewirkt. Wir haben dann auch, zusammen mit meinem BBC-Kollegen Herrn Nabholz, einen Bericht über den erfolgreichen Betrieb der Maschine geschrieben [Go64], in dem viele interessante Details enthalten sind. Wichtig war uns vor allem zu zeigen, daß sich solche Maschinen in der Praxis gut bewährten und außerdem relativ einfach und billig waren.

Später wurden allerdings noch einfachere und kompaktere Linearbeschleuniger entwickelt, die in diesem Energiebereich sowohl die Betatrons als auch die Synchrotrons verdrängt haben und noch bis heute diesen Markt beherrschen. Die Entwicklung auf diesem Gebiet ist aber noch lange nicht abgeschlossen, und ich würde voraussagen, daß es in der Zukunft noch bessere und kompaktere Maschinen geben wird.

12 ETH Zürich, CERN und DESY

Am 12. Dezember 1953 habe ich an der Eidgenössischen Technischen Hochschule in Zürich meine Antrittsvorlesung als Privatdozent gehalten. Es ging um die Entstehungsgeschichte der Teilchenbeschleuniger. Ich habe den Vortrag sehr sorgfältig vorbereitet. Das Manuskript ist noch erhalten.

Dann kamen die Vorlesungen. Es handelte sich immer um das Thema »Teilchenbeschleuniger«. Es war kein Pflichtfach, und es kamen relativ wenige Studenten. Aber einige von ihnen waren immer sehr interessiert bei der Sache. Für mich selbst war die Vorbereitung der Vorlesungen das Wichtigste. Ich konnte endlich in Ruhe alle Theorien der Beschleuniger durcharbeiten, und ich hatte mir eine schöne Formelsammlung zusammengestellt. In ihr war alles enthalten, was man zu den Berechnungen von Teilchenbahnen in den verschiedenen Beschleunigertypen brauchte.

Im Jahr 1963 wurde ich dann Titular-Professor. Meine persönlichen Kontakte in der ETH habe ich in sehr guter Erinnerung, und es war für mich eine sehr schöne Zeit. Bis 1972 habe ich noch Vorlesungen gehalten.

Jetzt gehen wir aber wieder etwas zurück in der Zeit, in das Jahr 1952 oder sogar noch früher. Soweit ich mich erinnere, kamen die ersten konkreten Vorschläge für ein europäisches Gemeinschaftslabor für Kernphysik von dem französischen Physiker Pierre Auger. Er war von 1948 bis 1959 der Direktor des »Department of Exact and Natural Sciences« der UNESCO. Es ging damals darum, die Forschung in Europa nach den verheerenden Kriegsjahren wieder aufzubauen. Einige Grundgedanken dafür stammten wohl auch von dem berühmten Physiker Isidor Rabi.

In der zweiten Hälfte des Jahres 1951 war mit diesem Ziel ein »Rat« (auf Französisch »Conseil«) entstanden, in dem einflußreiche Persönlichkeiten verschiedener europäischer Länder mitwirkten. Der Name CERN ist die Abkürzung der Bezeichnung dieses Rates: »Conseil Européen pour la Recherche Nucléaire«. Über die damalige Entwicklung gibt es jetzt einen sehr ausführlichen Bericht, verfaßt von A. Hermann, J. Krige, U. Mersits und D. Pestre. Er wurde in zwei Bänden als »History of CERN« publiziert [He87].

Im Juni 1952 wurde die Idee eines Forschungszentrums, an dem viele europäische Länder beteiligt sein sollten, auf einem Treffen in Kopenhagen diskutiert, und hier wurden wahrscheinlich die ersten Grundlagen für den CERN genauer ausgearbeitet. Und ich war dabei – ich hatte an der Sache einfach ein persönliches Interesse. Es hatte mit meiner Tätigkeit bei BBC ja relativ wenig zu tun.

Wir dachten damals an den Bau eines Synchrotrons für Protonen, die eine Energie von 10 GeV erreichen sollten. Ich erinnere mich, daß einige der Teilnehmer fanden, daß ich alles zu schnell vorantreiben wollte. Ich fand dagegen, daß man den technischen Fragen mehr Beachtung schenken sollte, statt sich so viel mit administrativen Problemen zu beschäftigen. Aber es war wahrscheinlich notwendig, die organisatorischen Grundlagen genau zu planen.

Der Leiter der Planungsgruppe für solch einen Beschleuniger (woraus später das Proton-Synchrotron PS des CERN entstand) war Odd Dahl, der in Bergen arbeitete und als Beschleunigerbauer einen sehr guten Ruf hatte. Er hat etwa ein Drittel seiner Zeit den CERN-Projekten gewidmet. Sein Stellvertreter war Frank Goward, der ja in England das Synchrotronprinzip zum ersten Mal mit Erfolg ausprobiert hatte. In der Gruppe waren auch H. Alfven, W. Gentner und F. Regenstreif, und später kamen noch D. W. Fry, K. Johnsen und Chr. Schmelzer dazu. Ich war als »part-time« Berater, also als Experte dazugerufen worden. Es gab daneben noch eine zweite Gruppe für die Entwicklung eines 600-MeV-Protonen-Synchrozyklotrons (das zukünftige SC des CERN), die von dem niederländischen Physiker Cornelis Bakker geleitet wurde, mit der ich aber nicht viel zu tun hatte.

Nach dem Kopenhagen-Treffen hatte ich einen Briefwechsel mit Kjell Johnsen, um die technischen Fragen des geplanten Proton-Synchrotrons zu klären. Die meisten Probleme waren damals neu und ihre Lösung noch unbekannt. Ich sandte Johnsen meine Berechnungen und die Sonderdrucke, die ich hatte. An einer Stelle hatte ich einen Rechenfehler gemacht, und das wurde von Johnsen korrigiert, aber wir bekamen eine gute Grundlage für die Konstruktion einer 10-GeV-Maschine. Ich hatte alles nach meinem norwegischen Patent vom Januar 1946 berechnet [Wi46], also nach meiner eigenen Synchrotrontheorie.

Bald danach fuhr ich nach Australien und traf, wie schon früher erwähnt, auf dem Rückweg in Brookhaven Odd Dahl, Frank Goward und die Amerikaner, die das »strong focussing«, also die »starke Fokussierung« entdeckt hatten. Wir diskutierten mit ihnen eine ganze Woche lang, vom 4. bis zum 10. August 1952, und es war sehr interessant.

Ich verstand sofort, daß es sich um ein viel besseres System handelte, als die von mir vorher vorgeschlagenen »Linsenstraßen«. Wir entschlossen uns daraufhin, die CERN-Maschine auf 30 GeV aufzustocken und sie auch gleich mit dem modernen »strong focussing« auszustatten. Die Amerikaner waren auch bereit, uns bei der etwas riskanten Pionierarbeit zu helfen.

Rückblickend kann man den Erfolg dieses Abenteuers gut beurteilen. In der UdSSR wurde nämlich damals auch ein 10-GeV Protonen-Synchrotron im Forschungszentrum Dubna, nördlich von Moskau gebaut, jedoch nach der traditionellen Methode, die man jetzt »schwache Fokussierung« nannte. Sie wurde 1957 fertiggestellt, und für ihre Magnete wurden 36 000 Tonnen Eisen verbraucht. Diese Maschine hatte damals weltweit die höchste Energie. Für unsere CERN-Maschine mit starker Fokussierung, die dann 28 GeV erreichte, haben wir nur 3 200 Tonnen Eisen benutzt, also weniger als ein Zehntel.

Der Fortschritt war gut sichtbar, und das Risiko hat sich gelohnt! Und die CERN Maschine ging noch vor einer ähnlichen, die unsere amerikanischen Freunde in Brookhaven bauten, in

Bild 12.1: Ein Blick in den Tunnel des CERN-PS (Foto CERN).

Bild 12.2: Start des DESY Synchrotrons im Jahr 1964, links im Bild: R. Wideröe (Foto DESY).

Betrieb, nämlich am 24. November 1959, und übernahm somit den Weltrekord in Teilchenenergie von den sowjetischen Kollegen.

Natürlich tauchten bei der Planung sehr bald verschiedene Probleme auf. Wir mußten sehr darauf achten, daß die sogenannten »Betatronschwingungen« der Protonen nicht in Resonanz mit der Umlauffrequenz der Protonen kamen. Das würde, wegen der großen Schwingungsamplituden, zu einem Verlust von Teilchen führen, die dann an die Wand der Vakuumröhre prallen.

Meine damalige Beratertätigkeit für den CERN zwischen 1952 und 1956 war ohne besondere Richtlinien und ohne spezielle Aufträge. Sie beanspruchte nur einen kleinen Teil meiner Zeit, die ich ja im wesentlichen bei BBC in Baden mit dem Bau von Betatrons verbrachte. Letzteres hatte mit dem großen CERN-Projekt kaum Verbindungen, außer vielleicht der Tatsache, daß später einige elektrische Maschinen für die Erregung der CERN-Magnete bei BBC bestellt wurden. Die Maschinen speichern die Energie kinetisch auf und werden dann über die Magnete entladen.

Ich bekam Kopien von allen Papieren, Berechnungen und Überlegungen, die für die CERN-Maschine produziert wurden. Hin und wieder gab es ein »Meeting«. Am 18. Dezember 1952 zum Beispiel war ich in Genf und besichtigte mit Professor Gentner und Dr. Citron den Ort, an dem die Maschine gebaut werden sollte. Citron bearbeitete die Abschirmungsprobleme des zukünftigen Beschleunigers. Er wurde später Professor in Karlsruhe. Wir bestimmten damals die Umlaufrichtung der Protonen und zwar so, daß möglichst keine Bauernhöfe oder Dörfer von den eventuell austretenden Protonen getroffen werden konnten. Später mußte doch noch ein Schutzhügel aufgeschüttet werden, der »Mont Citron«.

Ich erinnere mich, daß ich viele interessante und sehr nützliche Berechnungen mit Frank Goward, Hildred Blewett und anderen CERN-Mitarbeitern durchführte. Hin und wieder kam ich mit Odd Dahl und Hildred Blewett zusammen; sie waren gute Freunde. Als dann Odd Dahl ganz nach Norwegen zurückging, kam John Bertram Adams (aus England) nach Genf, und Kjell Johnsen wurde seine rechte Hand. Und es waren aber auch noch andere vor Adams am CERN, wie zum Beispiel Cornelius Bakker, Lew Kowarski und auch Viktor Weißkopf. Ich kannte Weißkopf ganz gut.

Odd Dahl hat ein schönes Buch geschrieben, in dem auch viel über die Entstehung des CERN steht. Es ist auf Norwegisch [Da81] und ist leider vergriffen. Darin wird auf Seite 191 berichtet, daß einer von Dahls Freunden mir nach dem Krieg geholfen hat, in die Schweiz zu fahren. Ich vermute, daß es Gunnar Randers gewesen sein kann. Gunnar Randers hat als norwegischer Delegierter auch sehr viel bei der Organisation des CERN mitgewirkt.

Ganz am Anfang suchten wir für die PS-Maschine einen guten Hochfrequenz-Ingenieur. Ich kannte Dr. Christoph Schmelzer und überredete ihn, zum CERN zu gehen. Ich erinnere mich sehr gut daran. Wir vereinbarten ein Treffen außerhalb von Waldshut, in Deutschland. Ich kam mit meinem Wagen von Baden, und wir fuhren zusammen den Weg nach Höchenschwand im Schwarzwald. Außerhalb von Waldshut war ein schöner Grashang. Dort saßen wir, und ich erklärte ihm das Prinzip des Synchrotrons. Er fand, daß es eine sehr interessante Aufgabe war, solch eine Maschine zu bauen, und so wurde er Mitglied der PS-Gruppe.

Im Jahr 1956 endete meine offizielle Beratertätigkeit für den CERN. Danach habe ich nur mehr gelegentlich etwas mitgeholfen. Später hatte ich keine weiteren Verbindungen mit dem CERN. Ich wurde allerdings zu den Kongressen (1956 und 1959) über die großen Beschleuniger eingeladen.

Bei dem 1956-Kongreß traf ich unter anderen auch Gerry O'Neill aus Los Angeles, Stanford University, der damals an einem kleinen Speicherringsystem mit kollidierenden Strahlen arbeitete. Es handelte sich um Elektronen gegen Elektronen, die in zwei getrennten Ringen gespeichert waren und sich an einem Punkt trafen. Anscheinend hatte er damals noch nichts von meinem 1943-Patent gehört und das Prinzip neu entwickelt. Ein Jahr danach habe ich O Neill in Stanford besucht und ihm mein Patent aus der Kriegszeit erläutert, worüber er sehr erstaunt war.

In der Zeit von 1952 bis einschließlich 1959 war ich zu insgesamt 19 Besprechungen und Kongressen, die den CERN betrafen. Ich bin ja zu den meisten Kongressen, die damals stattfanden, gefahren.

Ich habe damals auch Lawrence kennengelernt, den Erfinder des Zyklotrons. Ich glaube, es war auf dem großen Kongreß »Atoms for peace« beim CERN in Genf, im August 1955. Dieser populäre Kongreß war sicher gut geeignet für eine freundschaftliche Umarmung. Aber vielleicht war es auf dem Kongreß im Jahr 1956. Lawrence starb 1958 an Krebs. Ich habe ihn nie in Amerika getroffen.

Wie mir Jan Vaagen erzählt hat, steht in einem Buch von Nuel Phair Davis eine sehr malerische Beschreibung aus der Konferenz »Atoms for Peace« (1955). Es handelte sich um Lawrence, der vom Podium aus, mit einer gewissen ihm eigentümlichen Dramatik und mit Pathos, den anwesenden Professor Wideröe als den Urheber der Grundidee für sein Zyklotron (im Text steht Synchrotron, was wohl falsch ist) feierte. Lawrence hatte wohl gute Gründe dafür, aber ich kann mich an diesen Vortrag von Lawrence nicht so genau erinnern.

Meine nächste Beratertätigkeit war für das Forschungszentrum DESY in Hamburg in den Jahren 1959 bis 1963. Ich fuhr dafür mehrmals hin und wohnte dort jeweils einige Tage. Ich arbeitete meist mit Dr. Werner Hardt zusammen, um technische Probleme beim Bau eines 6,4-GeV-Synchrotrons für Elektronen zu lösen. Damals hat auch Stan Livingston eine Zeit bei DESY gearbeitet, aber ich habe ihn dort nie getroffen. Ich traf dagegen öfters Gustav-Adolf Voss, als man das Synchrotron bei DESY zum Funktionieren gebracht hat. Und ich hatte natürlich viele Gespräche mit dem Gründer und Direktor von DESY, Professor Willibald Jentschke. Wir diskutierten oft über eine »Kernmühle«, also über Speicherringe mit kollidierenden Strahlen, aber damals hatte Jentschke noch keinen Auftrag, solch eine Maschine zu bauen.

Erst ab 1968 hat man nämlich bei DESY, übrigens sehr erfolgreich, Kollisionsmaschinen für Elektronen und Positronen entwikkelt, hergestellt und betrieben. Sie heißen DORIS, die 1974 fertiggestellt wurde und dann PETRA, die im Jahr 1978 in Betrieb genommen wurde. DORIS wird sogar noch heute (1993) betrieben, allerdings zu einem ganz anderen Zweck: Man erzeugt damit Synchrotronstrahlung, die dann für viele Forschungs- und Entwicklungsarbeiten benutzt wird.

Zwischen 1984 und 1991 wurde dann HERA gebaut, eine ganz besondere Maschine. Der Name bedeutet »Hadron-Elektron-Ring-Anlage« [Wa91]. Hier werden in einem unterirdischen Ring Elektronen mit bis zu 30 GeV gespeichert und in einem zweiten Protonen, mit bis zu 820 GeV. An zwei Punkten, in zwei großen Hallen, werden die Teilchen frontal gegeneinander geschossen. Bei einem meiner Besuche in Hamburg, es war 1992, hat mir Professor Gustav-Adolf Voss, der Leiter der Beschleuniger-Abteilung von DESY, die eindrucksvolle Anlage gezeigt.

Bild 12.3: Rolf Wideröe mit Gustav-Adolf Voss im HERA-Tunnel im Juli 1992, fotografiert von Pedro Waloschek.

In HERA müssen die Protonen mit supraleitenden Magneten auf ihrer Bahn gehalten werden. Diese Magnete erzeugen ein etwa dreimal so starkes Feld wie konventionelle Eisenmagnete mit Kupferspulen. Solche Magnete wurden schon vorher an einem Proton-Antiproton-Speicherring eingesetzt. Er heißt TEVATRON und wurde im Fermilab gebaut, in der Nähe von Chicago. Sowohl HERA wie auch TEVATRON haben einen Umfang von 6,3 km.

Einen relativ frühen Einsatz der Collider gab es beim CERN mit den »Intersecting Storage Rings« ISR, die 1971 in Betrieb genommen wurden. Hier hat Kjill Johnsen sehr gute, zum Teil sogar bahnbrechende Leistungen erbracht, mit einer Maschine, in der 30-GeV-Protonen gegeneinander geschossen wurden.

Beim CERN wurde auch der zur Zeit größte Speicherring der Welt gebaut. Es handelt sich um einen Elektron-Positron-Speicherring, genau nach dem Prinzip meines Patentes, das dann von Bruno Touschek zum ersten Mal realisiert wurde. Der Ring heißt »Large Electron Positron Storage Ring« oder kurz »LEP«. Er hat 27 km Umfang, und in ihm werden die Teilchen bis zu 100 GeV erreichen. Schon in der ersten Ausbaustufe, als LEP »nur« 50 GeV Teilchen zur Kollision brachte, wurden die so wichtigen Arbeiten zum Z^0 gemacht, dem neutralen Austauschteilchen der schwachen Kräfte. Ich glaube, man betrachtet LEP heute als den letzten Schritt in der Entwicklung von Speicherringen seiner Art.

Bei Elektronen und Positronen gibt es nämlich ein besonderes Problem. Die erreichbare Energie ist durch die sogenannte »Synchrotronstrahlung« begrenzt. Es handelt sich um elektromagnetische Strahlung hoher Intensität, die sich vom sichtbaren Licht bis hin zu extrem harten Röntgenstrahlen erstreckt.

Man kann diese Teilchen in einem Ring mit festgelegtem Radius nur bis zu einer bestimmten Energie beschleunigen. Danach ist es dann praktisch unmöglich oder schlicht nicht mehr bezahlbar, selbst mit den raffiniertesten Beschleunigungsstrecken, den Teilchen die auf jedem Umlauf abgestrahlte Energie zu ersetzen. Deshalb wird es kaum möglich sein, einen Elektronen- oder Positronenring höherer Energie als LEP zu bauen.

Bei Protonen, Antiprotonen oder noch schwereren Teilchen existiert dieses Problem nicht. Teilchen dieser Art können also mit noch viel höherer Energie in Ringen gespeichert werden, vorausgesetzt, man kann genügend starke Magnete bauen (wie zum Beispiel im TEVATRON und bei HERA) um sie »um die Kurve« zu bringen. Die heutigen Pläne für einen Beschleuniger in USA (SSC) und einen im LEP-Tunnel beim CERN scheinen hier auch die Grenzen des Machbaren zu zeigen.

So konnte ich also nach und nach erleben, wie die Speicherringe mit kollidierenden Strahlen ihren Siegeszug im Bereich der Hochenergiephysik durchmachten. Ich selbst habe mich aber während dieser Zeit immer mehr mit ganz anderen Problemen befaßt, angeregt durch die Bekanntschaft mit Medizinern, für deren Arbeit ja die meisten der bei BBC gebauten Betatrons bestimmt waren.

13 Wie Strahlen Zellen töten - die Zweikomponententheorie

Es war ganz natürlich, daß ich mich beim Bau von Betatrons immer mehr für ihre wichtigste Anwendung interessierte, nämlich für die Strahlentherapie. In den 60er und 70er Jahren habe ich mich dann fast ausschließlich auf die biologischen Strahlenwirkungen, besonders bei der Krebstherapie, konzentriert. Bis dahin hatte ich mich praktisch nur mit der Technologie der Betatrons beschäftigt. Es war eine Art Metamorphose, die ich aber als logisch und vor allem als notwendig betrachtete.

Aber schon 1946, als wir das erste Betatron für BBC planten (das Betatron, welches dann später an das Kantonsspital in Zürich ausgeliefert wurde), hatten wir uns mit der Wirkung der Strahlen auf Luft und Wasser eingehend beschäftigt, besonders mit den Effekten der Elektronenstrahlen, die wir mit dem Gerät ja auch erzeugen wollten. Wasser war dabei als Ersatz für normales Zellgewebe gedacht. So haben wir auch die vorteilhafteste Energie der Elektronen auf 31 MeV festgelegt.

Wir fanden bald heraus, daß sowohl die Meßmethoden wie auch die Maßeinheiten für den Energiebereich von mehreren MeV, also für die damals als »Megavolt« bezeichneten Strahlen, gar nicht mehr geeignet waren und angepaßt werden müßten. Diese Probleme wurden besonders akut, als wir später, gegen Ende der 50er Jahre, die hochenergetischen Elektronen als Strahlen tatsächlich in die freie Luft herausbrachten.

Über dieses Thema habe ich mehrere Aufsätze mit dem schon früher erwähnten Professor Hans Rudolf Schinz verfaßt. Er war der Senior für Strahlentherapie am Kantonsspital in Zürich und unterrichtete an der Universität Zürich. Es war nicht einfach, und wir mußten oft recht tief in der Physik herumpflügen, um die Zusammenhänge aufzuklären. Es war auch schwierig, die richtigen Strahlendosen zu bestimmen, und wir haben dafür dann sogar neue Maßeinheiten vorgeschlagen.

Professor Schinz hat auf diesem Gebiet Pionierleistungen erbracht. Er sorgte dafür, daß mehrere Betatrons in der Schweiz angeschafft wurden und daß viel Forschungsarbeit im Bereich der Strahlentherapie geleistet wurde. Seine Vorträge und Forschungen hatten zur Folge, daß auch in anderen Ländern Betatrons für die Strahlentherapie eingerichtet wurden [Wi59].

Das Betatron, das wir für Professor Schinz an das Kantonsspital in Zürich geliefert hatten, wurde später durch ein neueres mit höherer Energie ersetzt. Das ältere Betatron wurde dann an das Biologische Institut übergeben, das von Frau Professor Fritz-Nigli geleitet wurde. Dabei haben wir dann auch die nötigen Änderungen durchgeführt, um die Elektronenstrahlen herauszuführen. Dieses Betatron ist immer noch in Betrieb. Frau Professor Fritz-Nigli wurde vor einiger Zeit pensioniert. Ich war bei ihrer Abschiedsfeier, die sehr schön war. Sie hat dabei einen wunderbaren Vortrag gehalten. Sie ist dann auch zur Feier meines 90. Geburtstages in die ETH gekommen. Wir haben oft über Fragen der Strahlenbiologie diskutiert.

Was die im Laufe der Jahre erhaltenen Ergebnisse betrifft, so sind sich heute wohl alle einig, daß das Betatron die Strahlentherapie einen großen Schritt weiter gebracht hat. Man kann wohl sagen, daß meine Worte auf dem internationalen Röntgenkongreß in München 1959 für die damalige Zeit sehr richtig waren: »Es sollte gesetzlich verboten werden, etwas anderes als Betatronbestrahlung bei den Tiefentherapien von Krebsleiden anzuwenden«. Dabei meinte ich natürlich die Röntgen- und Elektronenstrahlen mit Energien bis zu etwa 30 MeV. Aber es dauerte immer noch viele Jahre, bevor diese Gedanken überall durchgedrungen waren. Die Ärzte sind sehr konservativ, und es ist schwer, sie von dem abzubringen, was sie schon immer taten. Früher oder später müssen sie natürlich die neueren Erkenntnisse akzeptieren, aber es entstehen dadurch gewisse Schwierigkeiten für die medizinische Forschung. Im Radiumspital in Oslo zum Beispiel, als wir zuerst über die neuen Therapiemethoden sprachen, wurden sie fast als Quacksalberei angesehen. Heute hat sich da aber vieles geändert. Rückblickend bin ich sogar der Ansicht, daß viele der früher benutzten Methoden und Mittel mehr Schaden als Gutes brachten.

Auf dem erwähnten 8. Internationalen Radiologenkongress in München im Jahr 1959 beschrieb ich zum ersten Mal die Tumortherapie mit 31-MeV-Elektronen und zeigte, daß man eine bessere Verteilung der Strahlendosen als mit Röntgenstrahlen erreichen kann. Das befallene Gewebe kann besser bestrahlt werden, während der Rest des Körpers weniger Strahlung erhält. Einige Jahre später, auf dem Symposium in Montreux 1964, wurden die Elektronentherapie und die klinischen Ergebnisse ausführlich diskutiert. Diese Daten waren ausschlaggebend für die weitere Entwicklung der Bestrahlungsprogramme. Es wurde dort klargestellt, wie die weitere Entwicklung der Hochvolttherapie vor sich gehen sollte.

In den Jahren bei BBC habe ich mir die Zusammenhänge bei der Bestrahlung von Substanzen eingehend überlegen können. Und ich mußte viele Reisen unternehmen, meist für Vorträge, und lernte dabei sehr interessante Menschen kennen, die auf diesem Gebiet spezialisiert waren. Mit einigen hatte ich dann jahrelang Kontakt, und mein Interesse wurde immer stärker.

Deshalb möchte ich jetzt etwas über die physikalischen Phänomene erzählen, die hier zu berücksichtigen sind. Wenn Elektronen oder andere elektrisch geladene Teilchen durch Wasser oder Gewebe dringen, stoßen sie haupsächlich mit den Elektronen der Moleküle zusammen. Den zurückbleibenden Molekülen fehlt dann eventuell eines oder mehrere Elektronen, sie wurden »ionisiert«. Solange die angestoßenen Elektronen eine geringe Energie haben, nennt man den Vorgang schlicht »Ionisation«. Diese normale Ionisation hängt von der Geschwindigkeit der vorbeifliegenden Teilchen ab. Sie ist bei kleineren Geschwindigkeiten größer, was man leicht verstehen kann, weil bei langsameren Teilchen die elektrischen Kräfte mehr Zeit haben, auf die Moleküle (und ihre Elektronen) einzuwirken als bei schnelleren.

Durch diese normalen Ionisationsvorgänge werden die vorbeifliegenden elektrisch geladenen Teilchen buchstäblich »abgebremst« und kommen dann auch zum Stillstand. Die dabei hinterlassene Zahl der ionisierten Moleküle nimmt gegen Ende der Teilchenspur stark zu, weil die Teilchen dann ja langsamer fliegen. Es ergibt sich also eine immer dichter werdende »Spur« von ionisierten Molekülen, die jedes geladene Teilchen am Ende seiner Bahn hinterläßt.

Bei den höheren hier betrachteten Energien kommt es aber auch vor, daß ein angestoßenes Elektron recht hohe Energie erhält, dann selbst eine gewisse Strecke weiterfliegt und dabei weitere Ionisationsvorgänge auslöst. Diese Elektronen nennt man Delta-Elektronen. Da die normale Ionisation am Ende der Elektronenbahnen sehr stark zunimmt, liefern die Delta-Elektronen einen sehr starken Beitrag zur Gesamtionisation.

Die Ionisation ist aber der wichtigste Faktor beim Abtöten von Zellen. Darüber werde ich noch Genaueres erzählen, besonders über die von mir und von anderen entwickelten Theorien darüber.

Jetzt muß ich aber zuerst noch etwas über die physikalischen Vorgänge erläutern, die beim Durchdringen von Röntgenstrahlen durch Materie stattfinden. Röntgenstrahlen bestehen ja aus nichts anderem als aus hochenergetischen Lichtteilchen oder Photonen. Diese können Moleküle dadurch ionisieren, daß sie ein Elektron des Moleküls treffen und es aus seiner Umlaufbahn werfen. Dies ist ein relativ seltener Prozess, bei dem die Röntgen-Photonen viel Energie verlieren und stark abgelenkt werden. Die meisten Röntgen-Photonen durchdringen den bestrahlten Körper ohne jede Wechselwirkung. Röntgenbilder entstehen durch die unterschiedliche Häufigkeit der Stoßvorgänge in verschiedenen Substanzen, was ja einer unterschiedlichen Absorption entspricht. Einzelne Röntgen-Photonen hinterlassen also keine »Spur«, wie etwa elektrisch geladene Teilchen, zum Beispiel Elektronen.

Aus all dem ergibt sich ein recht kompliziertes Bild bei der Betrachtung der Wirkung der verschiedenen Strahlenarten. Die für uns wichtigsten Zusammenhänge habe ich in Bild 13.1 darge-

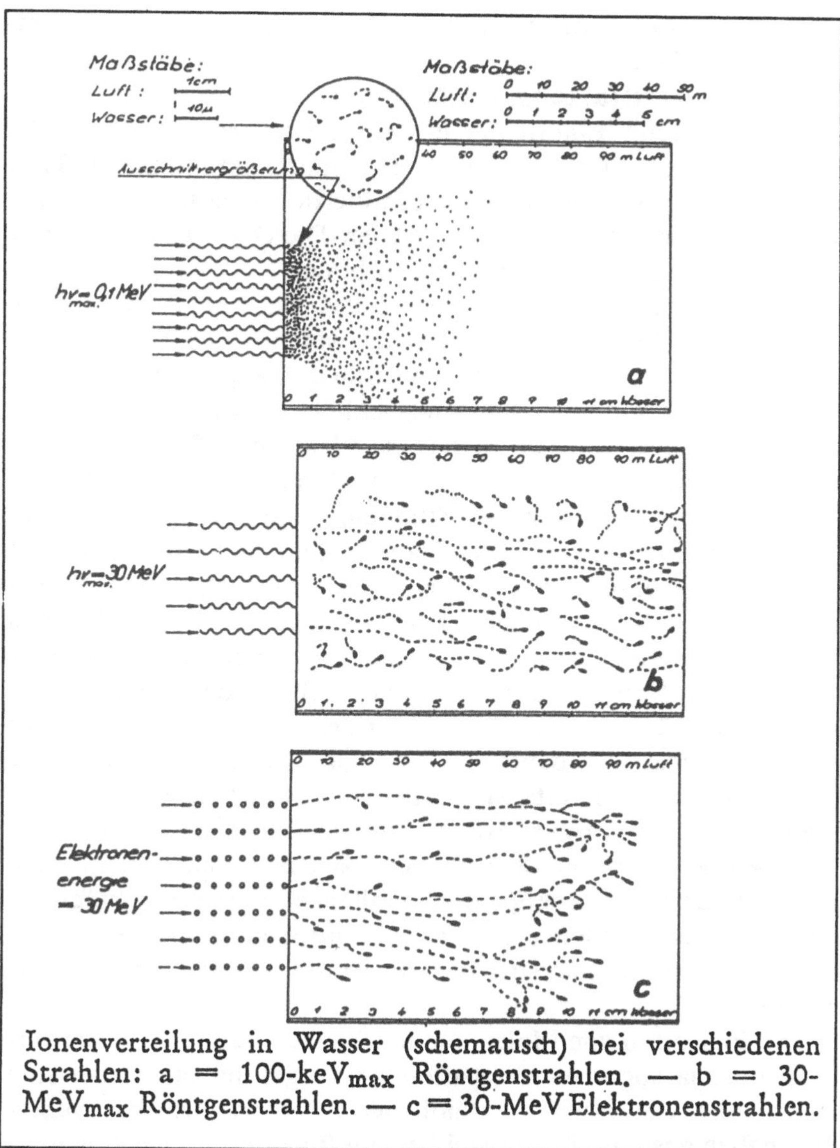

Ionenverteilung in Wasser (schematisch) bei verschiedenen Strahlen: a = 100-keV$_{max}$ Röntgenstrahlen. — b = 30-MeV$_{max}$ Röntgenstrahlen. — c = 30-MeV Elektronenstrahlen.

Bild 13.1: Die Wirkung von Röntgen- und Elektronenstrahlen auf Materie, wie im Text erläutert [Wi62].

stellt, das aus einer meiner vielen Publikationen zu diesem Thema stammt [Wi62].

Der obere Teil (a) zeigt, wie Röntgenstrahlen aus einem 100 000-Volt-Gerät beim Eindringen in Luft oder Wasser wirken. Der Effekt ist an der Oberfläche am stärksten und nimmt mit der Tiefe stark ab, die Strahlen werden »absorbiert«. Einen tieferen Tumor kann man damit also gar nicht erreichen. Die Oberfläche wird stark beansprucht und eventuell sogar verbrannt.

In der Mitte (b) zeige ich, was passiert, wenn die Röntgenstrahlen eines 30-MeV-Betatrons benutzt werden. Die Strahlung ist sehr »hart«, sie durchdringt also dicke Materieschichten. Auf ihrem Weg hinterläßt sie hauptsächlich Elektronen, die recht heftig angestoßen wurden, also Delta-Elektronen. Sie verursachen am Ende ihrer Bahn den Hauptanteil der Ionisation. An der Oberfläche ist der Effekt der Strahlung gar nicht sehr groß, was zum Beispiel zur Schonung der Haut des Patienten sehr wichtig ist.

Und schließlich zeige ich unten im Bild (c), wie 30-MeV-Elektronen in Materie eindringen. Sie ionisieren selbst auf ihrer Bahn (weil sie elektrisch geladen sind), verlieren dabei in kleinen Stößen ihre Bewegungsenergie und stoßen aber auch weitere Elektronen stärker an, die den Ionisationseffekt als Delta-Strahlen erhöhen. Wichtig ist dabei die Tatsache, daß die Elektronen eine begrenzte und definierte »mittlere« Reichweite haben (Das Abbremsen der Elektronen ist ein statistischer Vorgang, und die Reichweite unterliegt deshalb gewissen Schwankungen). Man kann also durch die Energie der einfallenden Elektronen halbwegs gut die Gegend festlegen, in der die Elektronen stoppen und in der die Ionisation am stärksten ist. Der Effekt an der Oberfläche ist mäßig.

Die Ionisation von Molekülen in lebenden Zellen kann schwerwiegende, ja sogar nicht reparierbare Folgen haben. Dabei sind Krebszellen wesentlich empfindlicher als gesunde Zellen. Außerdem haben gesunde Zellen viel bessere Repariermöglichkeiten als Krebszellen. Hierauf beruht die gesamte Strahlentherapie. Wenn zum Beispiel Doppelbrüche eines DNA-Moleküls entstehen, kommt es praktisch immer zur Tötung der Zelle. Bei der Bestrahlung mit den extrem stark ionisierenden Alphastrahlen (zum Beispiel von Radium oder anderen natürlichen radioaktiven Stoffen) ist dies meist der Fall. Es handelt sich ja bei den Alphastrahlen um Heliumatomkerne mit der Ladung 2, die recht langsam fliegen und entsprechend stark auf die Moleküle wirken. Man bezeichnet diese starke Art der Ionisation als »Alpha-Effekt«, auch dann, wenn er von anderen Strahlen verursacht wurde.

Bei der Bestrahlung mit Elektronen entstehen meist nur kleine, halbwegs reparierbare Schäden in den Zellen. Sie können in ungünstigen Fällen zwar auch zur Tötung der Zelle führen, aber in wesentlich geringerem Umfang. Dies wird dann »Beta-Effekt« genannt, nach den Beta-Strahlen radioaktiver Substanzen, die ja aus Elektronen bestehen.

Für die nach einer Bestrahlung überlebenden Zellen kann man eine Formel angeben, die ich im September 1965 in Rom vorgeschlagen habe, ohne zu wissen, daß sie schon 1962 von Bender und Gooch veröffentlicht wurde. Dies habe ich erst 1968 erfahren. In meinem Artikel in der Zeitschrift »Strahlentherapie und Onkologie« [Wi90] habe ich weitere Details und die dazugehörige Literatur genau angegeben. Die Gleichung, die ich in Rom präsentiert habe, wird jetzt als Bender-Gooch-Wideröe- oder B.G.W.-Formel bezeichnet. Sie gibt die Überlebenswahrscheinlichkeit (Survival, S) von Zellen nach einer Bestrahlung mit einer Dosis D an und besteht aus zwei Faktoren, einer für den Alpha- und einer für den Beta-Anteil der Bestrahlung:

$$S = S_\alpha \cdot S_\beta ,$$

wobei S_α und S_β genau definierte Funktionen von D sind. Dabei werden gleich die Repopulationseffekte und die Eigenschaften unterschiedlicher Zellenarten berücksichtigt, wie in Bild 13.2 angedeutet ist. Diese Beschreibung der Strahleneffekte mit einem Alpha- und einem Beta-Anteil wird »Zweikomponententheorie« genannt. Sie wurde zuerst von P. Howard-Flanders im Jahr 1958 (allerdings ohne die B.G.W.-Gleichung) formuliert, fand aber damals keine große Beachtung.

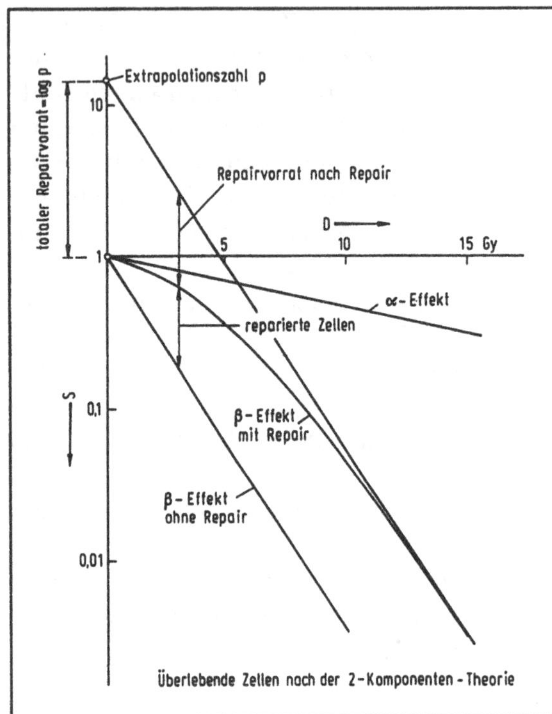

Bild 13.2: Überlebende Zellen als Funktion der Strahlendosis. Die zwei Faktoren der Zweikomponententheorie sind dargestellt [Wi90].

Schon 1960 wurden Versuche mit verschiedenen Strahlentypen an menschlichen Nierenzellen durchgeführt, in denen sich erwies, daß die beobachteten Alpha- und Beta-Effekte vollständig unabhängig voneinander waren (G. W. Barendsen [Ba60]). Später wies ich dann auch auf die Bedeutung der Delta-Elektronen hin und sogar auf noch weitere Generationen von angestoßenen Elektronen, die dann auch noch Effekte beisteuern.

So entstand schließlich ein recht brauchbares Bild der verschiedenen Effekte, die man bei der Berechnung einer Bestrahlung berücksichtigen muß. Viele klinische Untersuchungen hatten auch gezeigt, daß Tumorzellen viel empfindlicher auf die Beta-Bestrahlung reagieren als Normalzellen, und dies ist dann auch der Hauptgrund, warum die Elektronentherapie bessere Ergebnisse liefert als die Therapie mit Strahlung höherer Alpha-Werte.

Auf einer Tagung der Deutschen Röntgengesellschaft, wahrscheinlich war es in Baden-Baden im Jahr 1951, habe ich Professor Werner Schumacher kennengelernt. Nach 1960 haben wir uns dann öfter in Berlin getroffen. Er war Oberarzt für Strahlentherapie am Rudolf-Virchow-Krankenhaus in Westberlin. Wir hatten dort ein BBC-Betatron installiert, das Ende November 1961 eingeweiht wurde. Es war das erste mit einer magnetischen Linse, und es wurde 1972 durch ein 45-MeV-Asklepitron ersetzt. Bei Schumachers Emeritierung im April 1986 war ich bei der Abschiedsfeier dabei und habe in seinem Haus in Berlin gewohnt.

Professor Schumacher suchte und erprobte neue Programme für die Bestrahlung der Patienten. Diese Programme waren speziell an die Elektronenbestrahlung von Lungentumoren in der Tiefe angepaßt. Schumacher hatte sich darauf spezialisiert. Er hat dabei vieles gewagt, was andere Ärzte nicht so gerne taten. Ich habe eng mit ihm zusammengearbeitet und versucht, mit Hilfe der Zweikomponententheorie seine Ergebnisse zu berechnen und zu erklären. Unser Ziel war es, die Elektronenprogramme zu optimieren und dafür auch eine geeignete Theorie aufzustellen. Schumacher hat viele tausend Patienten bestrahlt und dabei sehr viel Erfahrung gesammelt.

Am Anfang hatte Schumacher etwas zu hohe Einzeldosen verabreicht (es war in der Zeit zwischen 1962 und 1966), und das System der Arterien wurde dabei zu stark beansprucht. Zwischen den Bestrahlungen wurden die Erholungszeiten entsprechend verlängert. Aber als er dann mit Elektronen zu Einzeldosen überging, die etwa zwei bis drei Mal höher waren als die normalerweise von anderen Ärzten benutzten, schien er die optimale Verteilung der Dosen gefunden zu haben. Natürlich muß man etwas nach der Tumorgröße variieren, Gehirntumore erhalten etwas mehr, andere vielleicht etwas weniger.

Am Ende hat Schumacher viel bessere Ergebnisse als mit den traditionellen Bestrahlungsprogrammen erreicht. Die Überlebenschancen der Patienten wurden stark verbessert. Seine Erfahrungen waren dann vielen anderen Ärzten sehr nützlich.

Kasten 14

Der Siegeszug der Megavolt-Therapie

Die Vorteile der Bestrahlung mit Photonen und Elektronen höherer Energie wurden von Wideröe klar dargestellt. Als erstes hat man auf diesem Gebiet nach dem Zweiten Weltkrieg Betatrons eingesetzt, die in relativ kompakter Bauweise auch beweglich aufgehängt werden können. Sie wurden für Energien von bis zu 45 MeV gebaut. Damals benutzte man auch Kobalt-60 Bomben für die Strahlentherapie. Nach 1970 kamen kompakte und relativ preiswerte Linacs immer mehr zum Einsatz. Die sehr zuverlässige Technik dafür stammte aus der Teilchenphysik, und die wichtigsten Entwicklungen wurden im Stanford Linear Accelerator Center SLAC in den USA durchgeführt.

Der Physiker John Ford, Vizepräsident der »Varian Health Care Systems«-Gesellschaft und Experte auf diesem Gebiet, berichtete im Jahr 1993 [Fo93], daß weltweit etwa 3500 Linacs in der Strahlentherapie eingesetzt werden, die Hälfte davon in USA. Die Energie der Elektronen beträgt meist gar nicht mehr 45 MeV (wie bei den Betatrons) sondern nur maximal 20 MeV.

Mehr als die Hälfte aller Krebspatienten (in USA und Westeuropa) werden laut Ford mit Strahlentherapie behandelt, entweder als Haupttherapie oder in Verbindung mit operativen Eingriffen und Chemotherapie. Besonders wichtig ist dabei, daß etwa 50% der als geheilt betrachteten Fälle ganz oder teilweise auf die Strahlentherapie zurückzuführen sind.

Heute werden in der Stahlentherapie etwa 10 bis 15% der Fälle mit Elektronenbestrahlung, der Rest mit Röntgenbestrahlung durchgeführt, wofür man allerdings, auf Grund der technischen Fortschritte der Apparate, verbesserte Bestrahlungsmöglichkeiten hat. Die dafür benutzten Linacs sind relativ klein, beschleunigen Elektronen auf 20 MeV innerhalb von etwa 60 cm in einer hochentwickleten Runzelröhre, in der eine »elektromagnetische Wanderwelle« auf die Elektronen wirkt.

Nun möchte ich aber noch über eine besondere Schwierigkeit berichten. Ein Teil der Tumorzellen ist schlecht mit Sauerstoff versorgt, und sie werden viel weniger von der Strahlung geschädigt als die gut mit Sauerstoff versorgten. Sie können deshalb bei der Therapiebestrahlung überleben. Daraus ergibt sich eines der schwierigsten Probleme der Tumortherapie. Die Situation ist jedoch nicht ganz hoffnungslos, denn durch die Bestrahlung ändert sich die Sauerstoffversorgung im Gewebe, die Zellen, die vorher zu wenig Sauerstoff bekamen, erhalten jetzt wieder mehr und können bei der nächsten Bestrahlung getötet werden. Daraus ergibt sich allerdings auch ein großer Unsicherheitsfaktor, sowohl für die Berechnung wie auch für die Therapie.

Es war deshalb ein großer Fortschritt, als Professor Wolfgang Pohlit in den Jahren 1973 bis 1986 einen neuen Weg fand, um die Tumorzellen, und besonders die mit Sauerstoffmangel, besser zu töten [Pu82]. Pohlits Waffe war eine Behandlung der Patienten mit 2-deoxy-D-Glukose (2-DG). Die Ähnlichkeit dieses Stoffes mit der normalen Glykose ist so groß, daß die Tumorzellen (besonders die mit Sauerstoffmangel) es einbauen. Das 2-DG blockiert aber die Glykose und unterbindet daher die Energiequelle für die Zellen mit Sauerstoffmangel, die deshalb bald absterben. Beim 2-DG konnte man keine schädlichen Nebenwirkungen feststellen, und die ersten klinischen Versuche sind günstig verlaufen. Dadurch wurde nach meiner Ansicht eine große Unsicherheit in der Strahlentherapie beseitigt, und es war wohl einer der größten Fortschritte, die in der letzten Zeit gemacht wurden.

Und jetzt aber zurück zur Strahlentherapie in Berlin bei Professor Schumacher. Die Tatsache, daß Schumacher bei der Elektronentherapie viel höhere Einzeldosen verwenden konnte, ist leicht zu verstehen. Die Elektronenstrahlen haben den kleinsten Alpha-Effekt aller Strahlen, und folglich wird die gesamte Strahlenwirkung bei den üblichen Dosis-Werten wesentlich kleiner. Man muß also höhere Einzeldosen anwenden, um dieselben Strahlenwirkungen zu erreichen. Gleichzeitig vermeidet man dadurch die Tötung normaler Zellen durch Alpha-Effekte. Und die von Schumacher gefundenen optimalen Höhen der Einzeldosen und Strahlungsprogramme können durch Pohlits 2-DG-Therapie wahrscheinlich noch verbessert werden.

Es war gar nicht einfach, die orthodoxe Einstellung einiger Ärzte auf diesem Gebiet zu überwinden. Ich erinnere mich an einen Vorfall im Radiumspital in Oslo, als ich einen Besuch des dort arbeitenden Arztes Dr. Rennäs bei Schumacher empfohlen und vorbereitet hatte. Als alles so weit war, schrieb mir Dr. Rennäs (er ist schon verstorben), daß sein Direktor ihm strikt verboten hat, nach Berlin zu Schumacher zu fahren. Der traditionell orientierte Chefarzt hatte offenbar Angst vor den neueren Methoden.

Metastasen bilden immer noch ein großes Problem für die Strahlentherapie. Man hat viele Versuche mit zelltötenden Giftstoffen unternommen, aber die Resultate sind mehr als zweifelhaft. Neuerdings versucht man andere Wege, wie zum Beispiel die Tumorauflösung mit Hilfe des Immunsystems.

Auf dem Radiation Research Kongress in Evian, es war wohl 1970, habe ich einen sehr interessanten Menschen getroffen. Es war der Arzt Dr. Lionel Cohen. Auf zwei dann folgenden Reisen nach Johannisburg in Südafrika konnte ich mich weiter mit ihm ausführlich unterhalten. Er leitete dort die Strahlentherapie. Wir blieben viele Jahre in Kontakt. Cohen war ein sehr tüchtiger Mann und hatte sehr gute Ideen. Er ging dann nach Chicago und ist jetzt pensioniert.

Cohen hatte Schumachers Programme mit den hohen Einzeldosen und längeren Erholungszeiten als richtig bestätigt. Und besonders wichtig erschien ihm die Tatsache, daß die Reparatur bei den Beta-Schäden bei Tumorzellen viel langsamer und unvollkommener verläuft als bei geschädigten Normalzellen. Das gleiche gilt für die Repopulation abgestorbenen Gewebes, was allerdings ein noch wenig erforschtes Gebiet darstellt.

Cohen erkannte die entscheidende Bedeutung der Parameter in der B. G. W.-Formel und setzte alles daran, sie aus den Erfahrungen der Strahlentherapie abzuleiten. Er hat sehr bald die Zweikomponententheorie um eine dritte Komponente erweitert, was eine sehr interessante Entwicklung darstellt. Dabei berücksichtigte er die Repopulation des zerstörten Zellgewebes. Somit konnte er dann noch genauere Programme für die Bestrahlung aufstellen. Diese schwierige Aufgabe konnte er nur mit Hilfe von Computern bewältigen. Er entwickelte dafür die entsprechenden Programme und beschrieb sie zusammen mit seinen Methoden in einem Buch, das 1983 erschien.

Ich hatte auch sehr gute Beziehungen zum Chefarzt eines Krankenhauses in Peking, bei dem wir ein BBC-Betatron eingerichtet hatten. Ich mußte mehrmals nach China, um dort Vorträge zu halten. Dabei habe ich natürlich genau erläutert, wie ein Betatron aufgebaut ist und wie es funktioniert. Auf einer späteren Reise habe ich dann festgestellt, daß die Chinesen genau nach meinen Angaben in der Zwischenzeit selbst ein Betatron gebaut hatten. Und es funktionierte recht gut. Nur den Elektronenstrahl konnten sie nicht herausführen, was dagegen bei dem von uns gelieferten Betatron möglich war.

Elektronentherapie ist, wie sich ja herausgestellt hatte, in vielen Fällen besser als Röntgentherapie. Hier kam dann noch eine Spezialkonstruktion zum Einsatz, die »Elektronenlinse«, die wir bei BBC entwickelt hatten, wie ich schon früher erwähnt habe. Es handelte sich um drehende Permanentmagnete, die den Elektronenstrahl ablenken und ihn dabei immer aus einer anderen Richtung auf das zu bestrahlende Gewebe lenken. Die Belastung der darüberliegenden Schichten wird dann noch vorteilhafter verteilt. Mit der Linse hat sich die Herausführung der Elektronen aus dem Betatron sehr gut bewährt.

Am Anfang meiner Tätigkeit auf diesem Gebiet wußte niemand etwas Genaues über die primären physikalischen Strahlenwirkungen. Heute wissen wir zum Beispiel, daß die Sekundärelektronen, die Deltaelektronen, dabei eine wesentliche Rolle spielen. Der nächste Effekt, der zu untersuchen wäre, ist ein rein biologischer; es sind die Einwirkungen der Deltaelektronen auf die Enzyme, besonders auf das DNA-Molekül.

Und damit sind wir nun direkt an dem großen Fragenkomplex angelangt: Wie entstehen Krebszellen? Wir glauben heute etwas darüber zu wissen. Sie entstehen nämlich durch gewisse Mutationen der Enzyme. Aber die Probleme und Möglichkeiten sind hier sehr vielseitig, und man ist noch lange nicht am Ende der Forschungsarbeiten.

Es gibt natürlich noch sehr viele Details, über die ich noch gerne etwas sagen würde, aber es ist vielleicht besser, wenn ich hier abbreche. Für weitere Fragenkomplexe zur Krebstherapie und zur Anwendung von Betatrons möchte ich am besten auf die vielen Aufsätze verweisen, die ich darüber veröffentlicht habe, wie zum Beispiel [Wi90].

Die Beschäftigung mit den Anwendungen der Betatrons, besonders für die Medizin, erforderte viele Besuche bei Instituten und Krankenhäusern, an die wir solche Anlagen geliefert hatten. Außerdem habe ich natürlich an möglichst vielen Konferenzen und Kongressen zum Thema teilgenommen, um über den letzten Stand der Entwicklungen genau Bescheid zu wissen. Die Liste meiner Reisen nach 1947 ist sehr lang und interessant. Ich habe mir immer aufgeschrieben, zu welchem Zweck die Reise war (etwa ein Kongreß oder ein Vortrag, oft waren es gleich mehrere Vorträge) und die wichtigsten Personen, mit denen ich mich jeweils getroffen habe. So können wir viele Erinnerungen noch jetzt auffrischen, wie zum Beispiel an die zwei schönen Kleider, die ich meiner Frau aus Peking einmal mitgebracht habe, und an die Besuche im Krüger-Tierpark in Südafrika.

Und schließlich habe ich auf Grund meiner Tätigkeit auf dem Gebiet der Strahlenbiologie auch noch viele Ehrungen erhalten, eigentlich bis jetzt sogar mehr als für die Entwicklungen und Ideen im Bereich der Teilchenbeschleuniger. Dies hat sicher auch mit meiner zwanzigjährigen Lehrtätigkeit an der ETH in Zürich zu tun. Ich wurde als promovierter Elektroingenieur sogar zum Dr. h. c. der Medizin an der Universität Zürich ernannt, eine sicher sehr seltene Auszeichnung. Und ich wurde auch Mitglied vieler wissenschaftlicher Gesellschaften. So habe ich also meine Tätigkeit auf dem Gebiet der Strahlentherapie in sehr guter Erinnerung.

14 Rückblick und Zukunftsträume

Wenn ich über mein Leben erzähle, komme ich immer wieder auf einige ganz besondere Schwerpunkte, die ich nachträglich auch als die wichtigsten Etappen in meiner Tätigkeit betrachte. Als ich mich damals aber mit diesen Sachen beschäftigte, war mir ihre »Wichtigkeit« gar nicht so bewußt, weil ich eigentlich an allem, was ich machte, sehr viel Freude hatte und mich auf alles auch immer sehr stark konzentrierte. So habe ich genauso begeistert Relais gebaut wie später Betatrons. Und wenn es sich um neue Ideen handelte, war ich immer besonders interessiert und motiviert.

Die Driftstrecke rückt aber immer wieder als erstes in mein Bewußtsein. Der Beweis, daß man mit Hilfe einer Driftstrecke elektrisch geladene Teilchen mit Wechselspannung beschleunigen kann, ohne dabei die lästigen (damals üblichen) Gleichspannungen zu benutzen, erscheint mir als die fundamentalste meiner Arbeiten. Dies war das Hauptergebnis meiner Dissertation in Aachen im Jahr 1927, und es hat sicher die am weitesten reichenden Folgen gehabt. Dazu kam noch der glückliche Umstand, daß diese Arbeit recht weit verbreitet wurde. Es ist sicher eine der am meisten zitierten Publikationen auf dem Gebiet der Teilchenbeschleuniger.

Die gebogene Driftstrecke ergab zuerst das Zyklotron von Lawrence und später die Beschleunigungsstrecke des Synchrotrons. Letzteres erscheint mir jetzt viel wichtiger, weil das Synchrotron die Grundlage für die Speicherringe bildete. Und hier bin ich auch besonders stolz auf meine Beiträge zur Entdeckung stabiler Teilchenbahnen im Synchrotron.

Die fast gleichzeitig zum Zyklotron stattgefundene Entwicklung der Driftröhre, erst zu den Resonatoren von Alvarez, dann zu den Beschleunigungs-Resonatoren mit stehenden Wellen und schließlich zu den Runzelröhren mit Wanderwellen der modernen

Linearbeschleuniger ist aber sicher auch sehr interessant. Und alles hat 1927 mit der ersten Driftröhre in Aachen begonnen.

Mein Patent mit der Erfindung der Speicherringe aus dem Jahr 1943 [Wi43a] war wohl sehr wichtig, wurde aber zehn Jahre lang geheimgehalten. Da ich selbst damals auch keine praktischen Anwendungen dafür sah (weil es noch viel zu viele ungelöste technische Probleme gab), habe ich auch nicht viel darüber gesprochen. Erst 1956, auf der Beschleunigerkonferenz in Genf, habe ich meine Vorschläge wieder öffentlich verteidigt [Wi56], nachdem Gerry O'Neill das Prinzip wiederentdeckt hatte. Dann haben aber andere die Weiterentwicklung übernommen. Ich selbst war ja mit dem Bau von Betatrons bei BBC voll beschäftigt. Ich freue mich also sehr darüber, dreizehn Jahre vor meinen Kollegen die richtige Idee gehabt zu haben, kann ihnen aber nicht übel nehmen, wenn sie mich manchmal vergessen, weil sie ja dann jahrelang daran gearbeitet und entwickelt haben. Es wurden viele sehr schöne Speicherringe gebaut, während ich mich um andere Probleme kümmerte.

Aus meinen Erzählungen geht wohl klar hervor, daß ich auf dem Gebiet der Relais sehr engagiert gearbeitet habe. Meine Beiträge waren da sicher recht gut, und ich glaube, daß meine Relais auch sehr brauchbar waren. Dies wird wohl kein großes Interesse bei den Teilchenphysikern und bei den Ärzten finden, aber es waren doch auch kreative Leistungen, auf die ich recht stolz bin.

Einen besonderen Stellenwert gebe ich meinen Arbeiten auf dem Gebiet der Strahlentherapie. Hier konnte ich zum ersten Mal in meinem Leben als Wissenschaftler an einer sehr angesehenen Hochschule tätig sein. Das war für mich ein ganz neues Gefühl, und ich konnte meiner Phantasie freien Lauf lassen, ohne direkt auf die Belange einer Industriefirma Rücksicht zu nehmen.

Allerdings fand die Firma BBC, bei der ich ja noch immer angestellt war, diese Tätigkeit gar nicht schlecht, weil ich damit zum Vertrieb der Betatrons beigetragen habe. Aus dieser Zeit gibt es dann von mir kaum mehr technische Patente oder Publikatio-

Kasten 15

Wideröes Leben auf einen Blick

1902	**in Oslo geboren**
1922	Karlsruhe: **Betatron-Idee**
1927	Aachen: **Erster Linac funktioniert**
1929	Lawrence, erstes 80-keV-Zyklotron in Betrieb
1929...	Berlin: **Bau von Distanzrelais**
1933...	Oslo: **Bau von Distanzrelais**
1941	Kerst: erstes Betatron (2,3 MeV) in Betrieb
1943	Oslo: **Speicherring-Idee, Patent**
1944	Hamburg: **15-MeV-Betatron funktioniert**
1945	McMillan, Veksler: Synchrotron
1945	Oslo: **Synchrotrontheorie, Patent**
1946...	Baden: **Betatron-Bau bei BBC**
1952...	Synchrotrons: Cosmotron, Bevatron, PS...
1952...	Genf: **Berater beim CERN (PS-Projekt)**
1953...	Zürich: **Professor an der ETH Zürich**
1956	Kerst und O'Neill: Speicherringe nochmal erdacht
1956...	Baden: **Bau des Turin-Synchrotrons**
1959...	Hamburg: **Berater bei DESY (Synchrotron)**
1960	Frascati: Touschek, AdA, erster Speicherring
1959...	Baden: **Megavolt-Strahlentherapie**
1965...	Baden: **Zweikomponententheorie**
1963...	Der Siegeszug der Speicherringe...
1962	Zürich: **Dr. med. h. c. der Univ. Zürich**
1962	Aachen: **Dr. h. c. der RWTH Aachen**
1969	Remscheid: **zwei Röntgenmedaillen**
1971	Würzburg: **Röntgenpreis**
1973	Oslo: **Mitglied der Norw. Akad. der Wissensch.**
1973	Madrid: **Goldmedaille JRC**
1992	Washington: **Robert-Wilson-Preis der APS**

nen, sondern nur mehr Veröffentlichungen in wissenschaftlichen Zeitschriften und sehr viele Vorträge.

Auch bei der Strahlentherapie ging es mir aber wiederum um die Sache selbst, um ein besseres Verständnis der Zusammenhänge bei der Bestrahlung von Patienten, denen ja unbedingt geholfen werden mußte. Und ich war da auch mit voller Begeisterung dabei.

Während all dieser verschiedenen Tätigkeiten habe ich die Teilchenbeschleuniger aber nie aus den Augen verloren. Beim Lesen von Zeitschriften und durch meine vielen Freunde habe ich die Neuigkeiten auf diesem Gebiet immer erfahren.

So habe ich zum Beispiel die aufregende Entwicklung der Zyklotrons schon in Berlin miterlebt, durch die Nachrichten, die mir Ernst Sommerfeld von seinem Vater übermittelte. Schwieriger war natürlich die Lage während des Krieges. Aber etwa ab Ende der vierziger Jahre gab es dann einen ganz anderen wissenschaftlichen Geist. Der gegenseitigen Kommunikation zwischen den Forschern wurde ein sehr hoher Stellenwert eingeräumt. Durch freizügiges Reisen, gegenseitige Besuche und internationalen Tagungen wußte man praktisch alles, was weltweit auf dem Gebiet passierte. Ja, man kannte sogar persönlich fast alle Beteiligten. Dies war auch wesentlich für die eindrucksvollen Fortschritte auf dem Gebiet der Teilchenhysik und der Struktur der kleinsten Materieteilchen.

Heute ist es einfach, über viele Gebiete der Forschung recht gut informiert zu sein, wenn man genügend Zeit zum Lesen hat – und einige gute Freunde. Ich konnte es also nicht lassen, mich auch nach meiner Pensionierung mit den grundsätzlichen Problemen der Teilchenbeschleunigung zu befassen. Nur durch noch höhere Energien kann man nämlich die nötigen Kenntnisse sammeln, mit denen dann eine alles umfassende Theorie des Aufbaues der Materie erstellt werden soll.

Nun, nach den Höhenflügen der Zyklotrons, der Synchrotrons und schließlich auch der Speicherringe, sind wir heute wieder an der Basis angelangt: Die Experten sind sich einig, daß man in Zukunft keine Ringe mehr bauen wird, sondern Linearbeschleuniger. Die Gründe habe ich ja schon erwähnt: Ringe für Elektronen und Positronen sind durch die Synchrotronstrahlung begrenzt, während Protonenringe am Bau stärkerer Magnete und an den Kosten gigantischer Ringe leiden. Man kann ja nur Beschleuniger planen, die im Rahmen der vorhandenen Mittel auch gebaut werden können. Und da gibt es ganz natürliche Grenzen.

Ganz anders ist es bei den Ideen. Hier sind die Grenzen eigentlich nur vom Geist des Menschen selbst gesetzt. Die theoretischen Möglichkeiten bei der Beschleunigung von Teilchen mit elektromagnetischen Mitteln (also im Rahmen der seit dem vorigen Jahrhundert bekannten Maxwell-Gleichungen) sind noch lange nicht ausgeschöpft, und die Technik überrascht uns fast täglich mit Innovationen, die dann wieder neue Gedankengänge erlauben. Obwohl viele der Ideen der letzten Jahrzehnte wieder verworfen wurden, ist es doch prinzipiell möglich, daß es noch einige fundamentale Durchbrüche auf diesem Gebiet gibt, die es dann erlauben, zu heute unvorstellbaren Energien vorzudringen. Auch das, was heute gebaut wird, erschien uns ja vor 50 Jahren vollständig utopisch.

Ich möchte solch eine Alternative hier noch als Zukunftsvision erwähnen, nicht weil ich voll von ihrer Güte oder Gültigkeit überzeugt bin, sondern weil ich es als wichtig betrachte, das Vertrauen in zukünftige Entwicklungen aufrecht zu erhalten, auch wenn sie noch so abenteuerlich aussehen.

Die Geschichte begann im Jahr 1956, als Veksler auf der internationalen Beschleunigerkonferenz in Genf über eine sehr seltsame Idee berichtete, die mich sehr beeindruckt hat. Ein schnelleres Teilchenpaket sollte ein langsameres »treffen« oder »überholen« und es dabei gewissermaßen »mitreißen«. Er gab dafür auch mehrere Möglichkeiten an. Da mir einige Aussagen Vekslers nicht ganz richtig erschienen, habe ich mir die Sache auch selbst noch einmal überlegt und habe meine Ergebnisse im April 1986 zusammengeschrieben. Veksler hat seine Methode »kohärente Beschleunigung« genannt, was den wesentlichen Punkt gut trifft. Die Teilchenpakete müssen nämlich als ganze, also

»kohärent« aufeinander wirken, und es dürfen nicht etwa die einzelnen Teilchen aufeinander wirken. Bei der normalen Beschleunigung werden Einzelteilchen betrachtet. Effekte, die das ganze Paket betreffen, werden erst später, bei den Korrekturen der Bahnen, berücksichtigt – nicht aber bei der Beschleunigung selbst.

Ich hatte mir überlegt, daß man am besten ein Protonenpaket mit einem Positronenpaket auf diese Art »anstößt« und habe in meine Formeln gleich die Teilchenstrahlen eingesetzt, die man am HERA-System in Hamburg zur Verfügung haben könnte, nämlich 800-GeV-Protonen und 30-GeV-Positronen. Die Ergebnisse sind sehr erstaunlich. Man könnte auf diese Art Protonen bis auf mehrere hundert TeV beschleunigen, unter den besten Bedingungen vielleicht sogar auf über tausend TeV. Zum Vergleich: Das SSC-Projekt erreicht 20 TeV und das LHC beim CERN gerade 8 TeV. Man könnte also durch kohärente Streuung von Teilchenpaketen zu wesentlich höheren Energien kommen.

Meine Berechnungen enthalten auch Angaben zur Größe der Teilchenpakete, und ich erwähne die vielen Schwierigkeiten, die zu erwarten sind. Vielleicht haben sich bei mir doch noch einige Fehler eingeschlichen – ich habe die Sache dann gar nicht veröffentlicht, sondern nur an meine Freunde verschickt. Wesentlich für die Realisierung der Methode war allerdings die Größe der Teilchenpakete. Ich hatte die Dimensionen der HERA-Pakete eingesetzt. Diese Pakete sind mehrere cm lang, einige mm breit und nur ein paar Zehntelmillimeter hoch. Das Prinzip würde aber wesentlich besser funktionieren, wenn man die Pakete noch viel kleiner machen könnte, was aber damals noch als unrealistisch betrachtet wurde.

Und hier kommt die eigentliche Pointe meiner Geschichte. Im Jahr 1992 habe ich von den neuen Plänen für Linearbeschleuniger erfahren, die nach der Zeit der Speicherringe, die nun ihre Grenzen erreicht haben, eingesetzt werden sollen. Mit ihnen möchte man etwas höhere Energien erreichen, aber besonders Elektron-Positron-Kollisionen untersuchen, in einem für Ringe unerreichbaren Bereich. Es soll mit zwei solchen Linacs gegeneinander geschossen werden. Nun, was mich dabei so interessierte, war die Dimension der Teilchenpakete. Ich staunte sehr, als ich erfuhr, daß man dabei mindestens einen Faktor Tausend kleiner werden wollte, als das, was heutige Maschinen erreichen. Nur so kommt man zu brauchbaren Zusammenstoßraten, was ja sehr einleuchtend ist, wie ich mir schon 1943 ausrechnen konnte, als ich das Prinzip der Speicherringe mit kollidierenden Strahlen erfand.

Wenn man also bis heute einige Zehntel eines Millimeters als machbare Strahldurchmesser betrachtet hat, geht es nun um Zehntel eines Mikrometers. Und bei manchen Projekten wird sogar von einem Hundertstel eines Mikrometers gesprochen, was also 10 Nanometern entspricht. Da sich dabei die entgegengesetzt eintreffenden Strahlen auch noch treffen sollen, müssen sie mit einer noch besseren Genauigkeit im Raum lokalisiert und gesteuert werden. Wenn solche Präzision einmal erreicht wird, kann man sich neben den »kohärenten Paketstößen« auch noch andere

Kasten 16

Wideröes Mitgliedschaften:

American Physical Society
American Radium Society
British Institute of Radiology
Deutsche Röntgengesellschaft (ehrenhalber)
Europäische Gesellschaft für Strahlentherapie ESTRO
Europäische Physikalische Gesellschaft
Naturforschende Gesellschaft in Zürich
Norwegische Radiologische Gesellschaft
Norwegische Physikalische Gesellschaft
Schweizerische Physikalische Gesellschaft (ehrenhalber)
Schweizerische Gesellschaft für Radiobiologie (ehrenhalber)
Scandinavian Society for Medical Physics (ehrenhalber)
Society of Nuclear Medicine

Mechanismen vorstellen, um Teilchen auf extrem hohe Energien zu beschleunigen.

Wie kompliziert und utopisch es uns auch heute erscheinen mag, für die Physik wäre es sicher interessant, Protonen mit 1000 TeV zur Verfügung zu haben. Es handelt sich um Energien, die heute nur in der Höhenstrahlung gefunden werden – und dies außerdem noch recht selten.

Aber auch im Bereich der Anwendungen könnte man diese Techniken zum Bau extrem kompakter Beschleuniger einsetzen, angefangen von den Fernsehröhren, in denen noch heute Hochspannungen von 20 000 Volt zur Beschleunigung der Elektronen eingesetzt werden – genau wie in der Braunschen Röhre des vorigen Jahrhunderts.

Man könnte die Beschleunigerbauer, die sich solche Sachen ausdenken, für verrückt halten, wenn man nicht selbst die Entwicklung der letzten Jahre verfolgt hätte: Die heute erreichte Präzision, die bei den millionenfach produzierten CD-Platten zum Einsatz kommt, hätte noch vor wenigen Jahren kein technisch versierter Mensch für möglich gehalten. Deshalb: Man soll den Mut nicht verlieren und weiter nach hochgesteckten Zielen streben, auch wenn man sie manchmal noch für vollkommen unrealisierbar hält.

Und damit möchte ich die Erzählungen über mein Leben beenden, nicht ohne mich vorher für das Interesse und die Geduld der Leser, die bis hierher vorgedrungen sind, herzlich zu bedanken.

Chronologischer Überblick

Die kursiv gedruckten Angaben beziehen sich direkt auf das Leben und Werk von Rolf Wideröe. Andere Ereignisse, die für Wideröes Leben von Bedeutung gewesen sein könnten, sind normal gedruckt. Es handelt sich um Stichworte und Hilfstexte, die für die Redaktionsarbeit zusammengestellt wurden, und es besteht kein Anspruch auf Vollständigkeit.

Jahr-Monat-Tag	
1902-07-11	*Rolf Wideröe in Oslo geboren.*
1905	Nobelpreis an Philipp Lenard.
1906	Nobelpreis an Joseph J. Thomson (Elektron).
1911	Ernest Rutherford entdeckt den Atomkern.
1918	Nobelpreis an Max Planck (Quanten).
1918	Rutherford: erste Kernzertrümmerung.
1920	*Matura an der Halling Schule in Oslo.*
1920-Herbst	*Beginn des Studiums an der TH Karlsruhe.*
1921	Nobelpreis für Albert Einstein.
1922	Nobelpreis für Niels Bohr.
1922-01	1 US$ = 192 Mark.
1922-04-01	Slepian (Westinghouse) meldet sein US-Patent »X-Ray Tube« (erstes Betatron-Prinzip) an [Sl22]; erteilt am 1927-10-11.
1923-03-15	*Erstes erhaltenes Notizheft mit Betatron-Skizze [Wi23]. Die Idee war schon im Herbst 1922 entstanden. Weitere Hefte mit genaueren Berechnungen.*
1923	*Praktische Arbeit (1 Monat) in einer Elektromotorenfabrik in Straßburg.*
1923?	*Versuch, das Betatron als Patent in Karlsruhe anzumelden (Patentbüro wurde dann im Krieg zerstört).*
1923-11-15	1 US$ = 4 200 000 000 000 Mark.
1924-03-12	Gustav Isings Vorschlag zur Beschleunigung von Teilchen mit Wanderwellen [Is24].
1924	*»Diplom-Ingenieur« an der TH Karlsruhe. Diplomarbeit: »Spannungsverteilung an Kettenisolatoren«.*

Jahr-Monat-Tag	
1925-Sommer	*Praktische Arbeit in der Lokomotiv-Werkstatt der norwegischen Staatsbahnen. 72 Tage Militärdienst.*
1925	*Erste Publikation; über Geldentwertung.*
1925-Herbst	*Promotionsvorschlag in Karlsruhe: »Strahlentransformator«. Prof. Schleiermacher war begeistert. Prof. Gaede hat es abgelehnt! (Restgasabsorption).*
1925-Ende	*Lenards Arbeiten studiert. Absorption berechnet.*
1926-05	*Vorschlag, den Strahlentransformator bei Rogowski in Aachen zu bauen.*
1926-06...	*Anfang der Arbeit in Aachen. Hörer an der TH Aachen, Mißerfolg mit Betatron.*
1927-Herbst	*Wechsel zum Linearbeschleuniger, der dann auch funktioniert (Ionen auf 50 000 Volt, mit 25 000 Volt). Erste erfolgreiche »Driftstrecke«!*
1927-Herbst	Rüdenberg stellt Steenbeck bei Siemens ein.
1927-10-11	Slepian (Westinghouse): US-Patent »X-Ray Tube« wird erteilt [Sl22].
1927-11-28	*Promotion in Aachen, Linac als Dissertation, Prüfung bestanden. Das Betatron-Prinzip wird im Anhang erläutert.*
1927	Breit and Tuve machen an der Carnegie Institution USA Versuche mit einem Betatron [Br27]. Kein Erfolg, aber erfolgversprechend.
1928	*Publikation der Dissertation [Wi28].*
1928-03	*Übersiedlung nach Berlin. Auf Empfehlung von Rogowski wird Wideröe bei AEG-Berlin Oberschöneweide (Transformatorenfabrik) eingestellt und entwickelt Distanzrelais. Bis Ende 1932 hat er insgesamt 42 D.R.-Patente und 2 US-Patente für AEG angemeldet.*
1929	Walton berichtet über ergebnislose Versuche in Cambridge mit einem einfachen Betatron und einem Linac. Diese Arbeiten wurden von Rutherford angeregt. Walton hat dabei sehr wichtige theoretische Berechnungen zur Stabilität der Elektronenbahnen im Betatron durchgeführt [Wa29].
1930	Breit, Tuve, Hafstad und Dahl entwickeln sehr

	interessante Hochspannungsgeräte in der Carnegie Institution in Washington.
1931-01	Lawrence teilt der Amerik. Physikalischen Gesellschaft mit, daß sein erstes Zyklotron (13 cm Durchmesser, 80 keV) erfolgreich in Betrieb genommen wurde [La31b].
1931	Lawrence und Sloan bauen einen Linac nach Wideröes Vorbild mit 15 Driftstrecken und erreichen 1,26 MV [La31a].
1931	Van de Graaff stellt der Amerik. Phys. Ges. seinen ersten elektrostatischen Generator mit Seidenband vor [Gr31]. Er erreichte damit etwa 1,5 MeV. Weitere ähnliche Apparate folgten.
1932	Cockroft und Walton gelingen die ersten Kernzertrümmerungen mit künstlich beschleunigten Teilchen (Kaskadengenerator 400 keV).
1932	Lawrence gelingen einige Monate danach erste Kernzertrümmerungen mit 1,2-MeV-Zyklotron.
1932-12	Lawrence: 69-cm-Zyklotron in Betrieb 4,8 MeV.
1932-12	*Übersiedlung von Berlin nach Norwegen.*
1933-03-01	R. Rüdenberg und Steenbeck (Siemens-Schuckert-Werke) melden ein Patent an [Ru33] mit der Angabe einer Stabilitätsbedingung für das Betatron (ausgegeben am 4.2.38). Wie damals üblich, werden die Arbeiten anderer nicht erwähnt. Rüdenberg war aus rassischen Gründen schon emigriert.
1933	Isings Artikel in Jahrbuch der Schwedischen Physikalischen Gesellschaft [Is33]. Hier wird Wideröe auf S.34 als Deutscher bezeichnet.
1933-04-01...	*Bau von Schutzrelais bei der Firma N. Jacobsen in Oslo. Bis 1937 zehn Norwegische Relais-Patente angemeldet.*
1933-Herbst	*Urlaubsreise (mit Ford-A) nach England, weiter mit Torvald Torgersen nach Frankreich und Spanien; Kraftwerk-Relais mitgenommen, kein Verkaufserfolg!*
1934-02	*Ragnhild Christiansen (geb. 2. Januar 1913) in der Tanzschule von Frl. Fearnley kennengelernt.*
1934-11-14	*Heirat mit Ragnhild.*

Jahr-Monat-Tag	
1935-03-07	Steenbeck (Siemens) meldet sein 2. Patent in Deutschland (und Österreich) über das Betatron an [St35]. In diese Patente wird neben der Stabilitätsbedingung auch die 2:1-Beziehung einbezogen.
1935-Mitte	*Ragnhild arbeitet eine kurze Zeit (inoffiziell) bei Jacobsen und hilft Wideröe beim Bau von Relais.*
1936	Jassinski: interessante Veröffentlichung über das Betatron [Ja36].
1936-03-06	Steenbeck (Siemens) meldet das Betatron als US-Patent an [St36].
1936	*Tochter Unn geboren.*
1937	*Wideröe erfährt zufällig von Slepians US-Patent.*
1937 ??	*Vortrag über Relais in Kopenhagen (Nordische Ingenieurstagung). Ing. Styff (NEBB) war dabei.*
1937-04...	*Arbeit bei der Transformatorenfabrik »National Industri«, Oslo, ein Westinghaus-Ableger. Sehr langweilige Arbeit!*
1937-12-28	Steenbecks (Siemens) US-Patent über das Betatron wird erteilt [St35].
1938	*Sohn Arild geboren.*
1938-Herbst	Der Physik-Verein wird in Oslo gegründet.
1939-09-01	Deutscher Einmarsch in Polen, Großbritannien und Frankreich erklären Deutschland den Krieg.
1939-10	Lawrence-150-cm-Zyklotron in Betrieb: 19-MeV-Deuteronen.
1939-Sommer	Erste Ausgabe der norwegischen Physik-Zeitschrift »Fra Fysikkens Verden«.
1939-11	Nobelpreis für Lawrence.
1940-04-09	Deutsche Truppen besetzen Norwegen.
1940-05	Touschek, von der Univ. Wien als Nichtarier ausgewiesen, arbeitet mit Arnold Sommerfeld (München) zusammen (Revision eines Buches)..
1940-06...	*Arbeit bei der »Norsk elektrisk og Brown Boveri« (NEBB) in Oslo (Kraftwerk-Planung und -Bau).*
1940-10-15	Kerst (Univ. Illinois): Erste erfolgreiche Versuche mit einem 2-MeV Betatron [Ke40a]; Wideröe und Walton werden erwähnt, Steenbeck nicht.
1940-11-13	Kerst (jetzt General Electric) beantragt ein US-

	Patent auf das Betatron [Ke40b].
1940-11-22	Kerst (General Electric): 2,3-MeV-Betatron funktioniert! [Ke41a].
1940 Ende	Touschek geht nach Hamburg, Entwicklungstätigkeit bei der »Studiengesellschaft für Elektronengeräte« (Philips), hört Vorlesungen bei Lenz und Jensen.
1941?	General Electric beantragt eine Lizenz bei Siemens für die Nutzung der Steenbeck-Patente [Ka47].
1941-04-18	Kerst (General Electric): 2,3-MeV-Betatron-Bericht [Ke41b] im Physical Review eingereicht. Etwa 1 gr Radium äquivalente Gamma-Strahlung! Wideröe, Walton und Jassinski werden erwähnt, Steenbeck nicht. Laut W. Paul war es das letzte Heft des Phys. Rev., das noch legal nach Deutschland kam. Kerst und Serber beschreiben die Theorie dazu [Ke41c].
1941	*Sohn Rolf geboren.*
1941 Herbst	*Wideröe hört Vortrag von Roald Tangen im Physik-Verein in Oslo über das Kerst-Betatron. Der Strahlentransformator kann also doch gebaut werden!*
1941-12-06	Siemens erteilt General Electric die Lizenz für die Nutzung des Steenbeck-Patents (laut Steenbeck) [St77], am Tag vor dem japanischen Überfall auf Pearl Harbor.
1941 Ende	Konrad Gund (Röntgeningenieur) beginnt mit der Planung eines 6-MeV-Betatrons (550 Hz) für medizinische Anwendungen bei Siemens Reiniger Werke (Erlangen), auf Anregung von Steenbeck.
1942-02	Steenbecks Veröffentlichung in »Electronics«, Februar 1942, S.22-23.
1942-??	*Bruder Viggo (geb. 1904, Luftfahrtpionier in Norwegen), in Haft in Rendsburg, wegen des mißlungenen Versuches, Leute nach England zu schmuggeln.*
1942-07	Angebliche weitere Patentanmeldung von Siemens für ein Betatron, Akt. 151 465, VIII c/211g (laut Kaiser-Report).
1942	Kerst: Veröffentlichung über das 20-MeV-Beta-

Jahr-Monat-Tag	
	tron, Einführung des Namens »Betatron« [Ke42].
1942-09-15	*Wideröe reicht den Aufsatz über das Betatron beim Archiv für Elektrotechnik ein [Wi43b], mit Beschreibung der Kerst-Serber Arbeiten und einigen weiteren theoretische Ideen über das Betatron, sowie dem Entwurf eines 100-MeV-Betatrons. Ein zweiter Artikel, mit dem Vorschlag eines 200-MeV-Betatrons, wurde nicht veröffentlicht.*
1942-09-29	Kerst (General Electric) wird das US-Patent zum Betatron erteilt [Ke40].
1942-Ende	Touschek geht nach Berlin, zu »Opta Radio«, entwickelt Braunsche Röhren (die späteren Klystrons) für Radar. Er arbeitet auch für die Redaktion des Archivs für Elektrotechnik, da er Redakteur Egerer kennt, erfährt von Wideröes Vorschlag, ein 15-MeV-Betatron zu bauen, findet Fehler in den Berechnungen, und schreibt Wideröe, der ihn zur Mitarbeit einlädt (s. [Am81] S.5). (Wideröe kann sich an diesen Briefwechsel nicht erinnern. Es sind keine Kopien vorhanden).
1942-12-15	Steenbeck: Besprechung über Betatron-Spezifikationen mit Dr. Kurt Bischoff, Dr. J. Patzeld und (Dr.) Konrad Gund. Neuer Vorschlag von Gund nach Jassinskis Berechnungen (laut Kaiser-Report).
1943-01-31	Stalingrad-Kapitulation
1943-Frühling	*Besuch von deutschen Offizieren der Luftwaffe bei Wideröe in der Fa. NEBB in Oslo. Drei Tage danach: Flug nach Berlin. Wideröe sagt zu, nach Hamburg zu gehen, um ein Betatron für das Reichsluftfahrtministerium (RLM) zu bauen.*
1943-05-08	Prof. Jensen (nach Absprache mit F. Houtermans) bespricht mit Dr. Schmellenmeier den Plan zum Bau eines 1,5-MeV-»Rheotrons«.
1943-06-15	Watzlaweks Briefe an Wideröe über das Zyklotron, ETH-Bibl.-903: 54-60
1943	Steenbeck veröffentlicht Ergebnisse über ein 1,8-MeV-Betatron, das schon 1935/36 betrieben wurde [St43] und erläutert seine Patente.

Jahr-Monat-Tag	
1943-07-15	*Wideröes erstes Betatron-Patent in Deutschalnd eingereicht: »Injektion«, aus Oslo, über Dr. Ernst Sommerfeld (Berlin), Nr. 889659.*
1943-07-25	(bis 1943-08-04) Operation »Gomorrha«, Hamburg wird von anglo-amerikanischen Bomben in fünf Nachtangriffen stark zerstört. Wideröe war in diesen Tagen noch in Oslo.
1943-08-05	Auftrag des Reichsforschungsrates an die Firma Schmellenmeyer zum Bau eines Rheotrons [Sw92].
1943-08	*Anfang der Arbeit Wideröes in Hamburg. Zimmer gemietet. Familie bleibt in Oslo. Gehalt von NEBB weiter an Ragnhild. Kontakt mit Hollnack, Seifert und Kollath. Lernt Touschek bei Prof. Lenz kennen.*
1943-08	*Zusammenarbeit mit Touschek. Touschek macht Theorie: Strahlungsverluste (auch für eine 200-MeV-Maschine), Bahnstudien mit Hamilton-Formalismus.*
1943-08-Ende	*Urlaub in Tuddal bei Telemarken (Süd-Norwegen), Speicherringidee – auf der Wiese hinter dem Hotel.*
1943-09-02	*Betatron-Patent »Linsenstaßen« in Deutschland eingereicht, Nr. 927590.*
1943-09-02	*Betatron-Patent »Vormagnetisierung« in Deutschland eingereicht, Nr. 932194.*
1943-09-04	*Betatron-Patent »Gegenmagnetisierung« in Deutschland eingereicht, Nr. 925004.*
1943-09	*Bei Hollnack hat Wideröe den Redakteur des Archivs für Elektrotechnik, Dr. Egerer kennengelernt. Auch Schiebold (der mit Röntgenstrahlen Flugzeuge abschießen wollte) hat er dort einmal getroffen.*
1943-09-08	*Speicherring-Patent in Deutschland eingereicht; Nr. 876279 [Wi43a].*
1943-09-17	*Mehrere interessante Berichte zum Bau der Betatrons in Deutschland [Wi43c], meist in Oslo verfaßt.*
1943-10-05	*Betatron-Patent »Magnetische Linsen« in Deutschland eingereicht, Nr. 932081.*
1943-11-25	*Beginn der Arbeit bei der Firma »C. H. F. Müller« (Philips-Konzern) zum Bau des 15-MeV-Betatrons. Trafobleche von Fa. Seifert, Kathode von Fa. Boersch. Bericht mit Zeichnung von »Dr. Müller« [Mu43].*

1944	*In 1944 insgesamt fünf weitere Patente über das Betatron in Deutschland angemeldet.*
1944-02-08	*Geheimbericht über 15-, 200-MeV-Betatrons [Wi44].*
1944-04	Gunds 5-MeV-Betatron funktioniert zum ersten Mal in Erlangen. Die Messungen und erste Experimente werden von H. Kopfermann und W. Paul (beide aus Göttingen) durchgeführt. Das war anscheinend Wideröe damals nicht bekannt.
1944-04-27	*(bis 29.) Besuch bei BBC in Weinheim. Protokoll Niederschrift von Wideröe vom 1.5.44 [Wi44]. Wideröe hat von Dr. Meyer-Delius (BBC) erfahren, daß Bothe und Gentner ein Betatron mit extrahiertem Strahl in Betrieb genommen haben sollen! Es handelte sich aber wahrscheinlich um das Gund Betatron und um H. Dänzer (nicht Gentner), der mit Bothe ein Betatron für 10 MeV bauen wollte (s. [Pa47], S. 51).*
1944-04-29	*Besuch bei BBC Heidelberg. »Geheimes« Protokoll zum Bau eines größeren Strahlentransformators »nach dem Megavolt-Verfahren«. »Herr Dir. Seif(f)ert hat im Auftrag des RLM an BBC die vorläufige Bestellung für die Konstruktionsarbeiten... gegeben...« Anwesend: Seif(f)ert, Wideröe, Meyer-Delius, Dr.Kade, Obering. Weiss, Kneller. Unterz: Meyer-Delius [Me44].*
1944-06-13	Anfang des V1-Flugbomben-Beschusses (London).
1944-Sommer	*Das 15-MeV-Betatron funktioniert zum ersten Mal in Hamburg.*
1944-08	Angeblicher »Vertrag« mit »BBC-Heidelberg« zum Bau eines 200-MeV-Betatrons [Ka47]. Laut Wideröe wohnte in Heidelberg nur einer der Direktoren von BBC. Es gab dort weder eine Vertretung noch ein Werk von BBC! Man traf sich wohl gelegentlich in Heidelberg.
1944	Mai bis Sept., Betatron-Theorie-Berichte von Touschek [To45].
1944-09-06	Anfang des V2-Raketen-Beschusses von London und Antwerpen.

1944-10-Mitte	*BBC-Treffen in Heidelberg zum 200-MeV-Betatron: Dr.Meyer-Delius (Dir. BBC), Otto Weiss, Dr. Helmut Boecker; Wideröe und Kollath vertraten die »Megavolt-Versuchsanstalt«; (laut Kaiser [Ka47]).*
1944-11	*Wideröes Besuch der Siemens-Reiniger-Werke in Erlangen (Betatron). Danach scheint Siemens auf 50-Hz-Betrieb für Betatrons übergegangen zu sein.*
1944-Herbst	Übersiedlung des Schmellenmeier-Rheotron-Projektes von Berlin nach Oberoderwitz in Oberlausitz (bei der Tschechischen Grenze).
1944-Herbst	*Wideröe bei der Tagung im Kaiser-Wilhelm-Institut Berlin (Vorsitz Heisenberg, Gerlach beteiligt?). Das Betatron wird nur mehr für Medizin und Kernphysik gebaut – als Waffe für unbrauchbar erklärt!*
1944-Ende	Touschek fällt wegen Lesens ausländischer Zeitungen in der Handelskammer Hamburg auf, wird von der Gestapo verhaftet und kommt ins Gefängnis Fuhlsbüttel, wo er weiter für das Betatron arbeiten darf.
1945-Anfang	*Ende der Arbeiten für das geplante 200-MeV-Betatron bei BBC (s. [Ka47] S. 8).*
1945-02-13	Großer Bombenangriff der Alliierten auf Dresden.
1945-02(?)	Touschek soll von Hamburg nach Kiel verlegt werden, stürzt beim Marsch, wird verwundet und kommt ins Gefängnis Altona [Am81].
1945-02-17	*Betatron-Patent »Elektronenausführung«, in Deutschland angemeldet.*
1945-02-19	*Betatron-Patent »Reaktionsröhre in der Kreisröhre« in Deutschland angemeldet.*
1945-03-28	Rheotron-Labor auf Lastwagen (vorbei am brennenden Dresden) in das Dorf Burggrub, Kreis Ebermannstadt, zwischen Bamberg und Bayreuth in Oberfranken transportiert ([Sw92] S. 122).
1945-03	*(erste Hälfte März) Wideröe zurück nach Norwegen, per Zug (mit Unterbrechungen, Schienensabotage) über Kopenhagen, dort Papiere in Ordnung gebracht, dann nach Oslo.*
1945-03	Bruder Viggo in der Nähe von Darmstadt von US-

	Truppen befreit.
1945-04?	Betatron nach Kellinghusen bei Wrist (zwischen Bad Bramstedt und Itzehoe, 40 km nördlich von Hamburg) übersiedelt, funktioniert! Das genaue Datum ist nicht bekannt.
1945-04-14	US-Truppen befreien Richard Gans und übernehmen das Rheotron-Labor von Schmellenmeier in Burggrub.
1945-04-30	Hitlers Selbstmord im Führerbunker.
1945-05	Rückzug der Deutschen Truppen aus Norwegen.
1945-05-03	Britische Truppen übernehmen Hamburg kampflos.
1945-05-07	Kriegsende – Bedingungslose Kapitulation.
1945-05-09	Quisling stellt sich der norwegischen Polizei.
1945-05	Hollnack arrangiert sich bald mit den Engländern. In Kellinghusen arbeiten Kollath und Schumann weiter mit dem 15-MeV-Betatron.
1945-05-23	*Wideröe wird in Norwegen verhaftet (Gefängnis Ilebu in Oslo), unter Verdacht, in Peenemünde an den V2-Raketen gearbeitet zu haben. Im Gefängnis schreibt er einen ausführlichen Bericht über den Strahlentransformator.*
1945-06	*Besuch im Gefängnis von G. Randers zur Klärung der Vorwürfe gegen Wideröe.*
1945-06?	Touschek wird von den Engländern befreit und geht nach Kellinghusen.
1945-07-09	*Freilassung Wideröes, durch Intervention von Odd Dahl und anderer [Da81]. Bis Frühling 1946 ist Wideröe arbeitslos in Oslo, hat wenig Geld, keinen Paß. NEBB zahlt nicht mehr! Er entwickelt die Theorie des Synchrotrons.*
1945-08-06	Atombombe über Hiroshima.
1945-08	(bis November 1945) Touschek: mehrere Berichte zur Theorie des Betatrons [To46].
1945-09-05	McMillan: Das Synchrotron-Prinzip [Mc45].
1945	Veksler: Das Synchrotron-Prinzip [Ve45].
1945-11	*Wideröe-Beurteilungskommission in Oslo gebildet.*
1945-12-11	Kollath-Bericht »Betatron in Wrist...« [Ko45].
1945-12	Ende der Arbeiten am 15-MeV-Betatron in Wrist.

	Das 15-MeV-Betatron wird nach England gebracht, in das Woolwich Arsenal, nahe London, wird dort von Kollath wieder in Betrieb genommen und für Materialuntersuchungen eingesetzt. Danach läßt sich keine Spur dieses Betatrons mehr finden.
1946-01-31	*Norwegische Patentanmeldung des Synchrotron-Prinzips [Wi46].*
1946	W. Bosley, »Betatrons« Überblicksbericht [Bo46].
1946-Anfang	Touschek übersiedelt nach Göttingen, beginnt mit seiner Diplomarbeit.
1946-Frühling	*Wideröe erhält provisorischen Paß für einen Monat.*
1946-Ostern	*Flug nach Baden (etwa 2 Wochen). Paul Scherrer war mit Theodor Boveri befreundet und hat Wideröes Einstellung empfohlen. Anfang der Konstruktionszeichnungen für ein Betatron mit Herrn Hartmann. Abmachungen über zukünftige Arbeit (Einstellung).*
1946 Sommer	Touschek: Physik-Diplom in Göttingen über die Betatrontheorie unter R. Becker und H. C. Kopfermann (am Gund-Betatron) [Am81].
1946-08-01	*Neue Einstellung bei BBC in Baden (CH). Ab 1. August Gehalt. Wideröe verkauft alle in der Zwischenzeit eingereichten Patente an BBC. Patentanwälte: Ernst Sommerfeld und Otto Lardelli.*
1946-08-Ende	*Übersiedlung (mit Familie) nach Zürich, per Schiff über Antwerpen. Wohnung in Zürich.*
1946-10	*Wideröe wird wieder nach Norwegen gerufen zu einer Gerichtsverhandlung. Er wohnt bei seinen Eltern. Dann wird die Ausreise wieder erlaubt, und er bekommt einen Paß, gültig einstweilen nur für Zürich.*
1946-11	*Wideröe zurück in Zürich.*
1946...	*Arbeit bei BBC: Bau von Betatrons, von 31 bis 45 MeV, für medizinische Zwecke (Krebstherapie) und zerstörungsfreie Materialprüfung. Bis 1986 werden 78 BBC-Betatrons installiert.*
1947-01	»Kaiser-Report«: Hermann F. Kaiser vom US Naval Research Lab. Washington DC berichtet über europäische Entwicklungen von Induktionsbeschleu-

	nigern (Betatrons) [Ka47]: Gunds erstes Betatron 5-7 MeV (550 Hz) funktionierte damals recht gut. Äquivalent 12-20 gr Radium, sehr regelmäßig! Zwei weitere waren bei Siemens im Bau, ein 5-7 MeV und ein 15 MeV. Siemens will mit der Produktion beginnen. Ein Patent von Siemens und sieben (!) von »C.H.F.Müller, Dr.Müller« werden von Kaiser erwähnt (1942-1945). Kaiser betrachtet das 200 MeV Projekt von Wideröe bei BBC als das fortschrittlichste der damaligen Zeit. Einige der Angaben sind fraglich.
1947	*Wideröe und seine Familie haben bis 1948 In Zürich gewohnt – und gefroren..., er hat bei BBC in Baden gearbeitet, sehr viel gearbeitet (laut Frau Wideröe).*
1947-03	*Endlich normaler Paß. Anfang der Reisen.*
1947-04-21	*Wideröes kurze Notiz zum Kaiser-Bericht [Wi47a].*
1947-05-22	Rudolf Kollath und Gerhard Schumann veröffentlichen ihre Arbeit: »Untersuchungen an einem 15-MeV-Betatron« [Ko47] mit wichtigen Informationen und vielen Details über das 15-MeV-Betatron.
1947-08	Gunds 5-MeV-Betatron (Siemens) in Göttingen: Elektronenstrahl konnte bis zu 70% herausgeführt werden! [Gu49].
1948	Ein 6-MeV-Betatron von Siemens Erlangen für das Radiumspital bestellt.
1948	*Entwicklungsarbeiten für das 31-MeV-Betatron des Kantonsspitals Zürich.*
1948-11-09	*Deutsches Patent über Synchrotron-Prinzip erteilt, Anerkennung des norwegischen vom 31. Jan. 1946.*
1949	*Familie Wideröe nach Baden übersiedelt*
1949-Herbst	*Installation des ersten BBC-Betatrons (31 MeV) im Kantonsspital Zürich*
1949	Nettelands Besuch in Erlangen: Kein Fortschritt beim 6-MeV-Betatron. Siemens arbeitete an größeren Betatrons.
1951-04	*Einweihung und Inbetriebnahme des ersten BBC-31-MeV-Betatrons im Kantonsspital Zürich. Erste Patienten werden bestrahlt.*

Jahr-Monat-Tag	
1951	*Netteland und Oberarzt Steen vom Radiumspital Oslo besuchen das Kantonsspital Zürich und sehen das 31-MeV-Betatron in Betrieb. Dr. Eker (Oslo) bestellt daraufhin im Herbst ein gleiches bei BBC.*
1952	COSMOTRON in Brookhaven erreicht 3 GeV.
1952-05-05	*(bis 8.) 1. Sitzung des Councils des zukünftigen CERN in Paris, vorläufige CERN-PS-Gruppe (10-GeV Proton-Synchrotron) gegründet; Mitglieder: O. Dahl (Leiter), H. Alfven, W. Gentner, F. Goward, F. Regenstreif. Wideröe wird als Teilzeit-Berater ernannt (war aber nicht dabei).*
1952	*31-MeV-Betatron im Inselspital in Bern installiert.*
1952-Sommer	*31-MeV-Betatron für das Radiumspital Oslo von BBC installiert, nach 6 Monaten Inbetriebnahme.*
1952-06-03	*(bis 19.) Internationale Konferenz in Kopenhagen zur Diskussion von Zukunftsprojekten für Europa (Kern- und/oder Teilchenphysik). Am 17. kommt Wideröe dazu, trifft aber Odd Dahl nicht.*
1952-06-20	(bis 23.) 2. Sitzung des vorläufigen CERN-Councils in Kopenhagen. PS-Gruppe mit D. W. Fry, K. Johnsen und Chr. Schmelzer verstärkt.
1952-08-04	*Auf der Rückreise aus Australien lernt Wideröe Odd Dahl in Brookhaven kennen. Bis 10.8.52 besprechen Dahl, Goward und Wideröe mit E. D. Courant, M. S. Livingston, J. P. Blewett und H. S. Snyder das gerade entwickelte Prinzip der starken Fokussierung.*
1952-10-04	(bis 7.) 3. Sitzung des CERN-Councils in Amsterdam. Es wird ein 30-GeV-Synchrotron mit starker Fokussierung vorgeschlagen.
1952-11-04	*Anmeldung des Elektronen-Extraktions-Patents Nr. 954814 (es wird im Dez. 1956 erteilt) [Wi52].*
1952-12-18	*Besichtigung des zukünftigen CERN-Geländes in Meyrin, nördlich von Genf; mit Citron und Gentner.*
1953-03-26	*Deutsches Speicherring-Patent von 1943 wird rückwirkend erteilt und bekanntgemacht.*
1953-12-12	*Antrittsvorlesung als Privatdozent an der ETH in Zürich.*
1954-05-17	Beginn der Bauarbeiten für den CERN in Meyrin.

Jahr-Monat-Tag	
1954-07-15	*Wideröe wird als Vorstand der Abteilung »Elektrische Akzeleratoren« (EA) bei BBC ernannt.*
1954-10-18	*Reise nach Mannheim und Karlsruhe zur Verhandlung vor dem Bundesgericht wegen einer »Nichtigkeitsklage«. Anwalt: Otto Lardelli; BBC muß 100 000 DM (Zahl unsicher) an Siemens bezahlen wegen Benutzung der Steenbeck-Patente.*
1954	Im BEVATRON in Berkeley werden Protonen auf 6,1 GeV beschleunigt.
1955	Kollath-Beschleuniger-Buch, 1. Ausgabe, Vieweg Braunschweig [Ko55].
1955	*Übersiedlung der Familie Wideröe nach Nussbaumen*
1955-06-10	Grundsteinlegung des CERN-Labors in Meyrin
1956-01-23	*Kerst et al. [Ke56] schlagen Synchrotrons mit starker Fokussierung als Speicherringe vor.*
1956	*CERN Symposium on High Energy Accelerators and Pion-Physics: Beitrag von Gerry O'Neill »The Storage-Ring-Synchrotron« [O'N56]. Wideröe war dabei, traf O'Neill und hat seine Speicherring-Ideen von 1943 am Ende eines Vortrages erwähnt.*
1956...	*Anfang Bau des 105-MeV-Turin-Synchrotrons, mit Gonella, Gleb Wataghin und anderen (Zwitter zwischen Betatron und Synchrotron).*
1956-12-20	*Elektronen-Extraktionspatent wird erteilt.*
1957	*Extraktion des Elektronenstrahls vom Betatron des Inselspitals in Bern.*
1959	32-MeV-Betatron für Privatklinik »Casa di Cura S. Ambrogio« (Prof. Dr. Cova) in Mailand installiert. Lief bis in die neunziger Jahre!
1959-11-24	CERN-Proton-Synchrotron (28 GeV) wird in Betrieb genommen.
1959-12-18	Stiftung DESY in Hamburg wird gegründet. Ein Elektronen-Synchrotron für 6,4 GeV ist im Bau.
1960	Der AGS in Brookhaven (31 GeV) wird in Betrieb genommen.
1960-03-07	Bruno Touschek (Vortrag in Frascati): Vorschlag zum Bau von AdA, dem ersten Elektron-Positron Speicherring der Welt [To60] (s. [Am81], S.27).

Jahr-Monat-Tag	
1961-02-27	AdA wird in Frascati in Betrieb genommen.
1962	*Wideröe wird Dr. h. c. der RWTH Aachen.*
1962	*Wideröe wird Dr. med. ehrenhalber der Universität Zürich.*
1962	*Wideröe wird Titular-Professor an der ETH Zürich.*
1959-1963	*Wideröe wird Berater bei DESY (Synchrotron).*
1962...	*Hauptinteresse: Darstellung der Effekte der Strahlung auf Zellen. Die Zweikomponententheorie für Strahlenbiologie.*
1962	Kollaths Beschleunigerbuch, 2. Auflage [Ko62].
1966	*Wideröes Doktorarbeit erscheint auf Englisch im Buch von Livingston [Li66] (bei DESY übersetzt).*
1969	*Pensionierung bei BBC, arbeitet jedoch weiter.*
1969-05-03	*Röntgenmedaille der Stadt Remscheid.*
1971-01-24	*Röntgenpreis der Stadt Würzburg und der Physikalisch-Medizinischen Gesellschaft Würzburg.*
1972	*Letzte Vorlesungen an der ETH Zürich.*
1973	*Goldmedaille auf der XIII JRC Madrid.*
1973	*Wideröe wird Mitglied der Norwegischen Akademie der Wissenschaften.*
1981	Odd Dahls Buch »Trollmann og rundbrenner« (autobiographisch) erscheint [Da81] (vergriffen).
1983	*Finn Aaserud und Jan Vaagen publizieren einen längeren Artikel über Wideröe in »Naturen« [Aa83], nach einem Interview in Oslo.*
1984-02	*Rückblick-Artikel in Europhys. News [Wi84].*
1984	*Ehrenmitglied der ESTRO.*
1992-03	*Bericht über Wideröe von Per Dahl, SSC-Report [Da92] (10 Seiten).*
1992-04	*Robert-Wilson-Preis der Amerikanischen Physikalischen Gesellschaft APS.*
1992-07-11	*90. Geburtstag in Oslo gefeiert.*
1992-07	*Ehrenvorsitzender einer Sitzung der Internat. Hochenergie-Beschleuniger-Konferenz, Hamburg*
1992-12-02	*Symposium zum 90. Geburtstag in der ETH Zürich*

Liste der Kästen:

Liste der Bilder:

Literaturverzeichnis

[Aa83] *Aaserud, F. og Vaagen, J.*: »Et møte med Rolf Widerøe, den første akseleratordesigner«, Naturen, Nr. 5-6, S. 191-196 (1983).

[Am81] *Amaldi, E.*: »The Bruno Touschek Legacy«, CERN-Report Nr. 81-19, 83 S. (1981).

[Ba60] *Barendsen, G.W.*: in »The Initial Effects of Ionising Radiation on Cell«, Academic Press London (1961), S. 183.

[Be62] *Bender, M.A. and Gooch, P.C.*: J. Rad. Biol. *5*, 133 (1962)

[Bi26] *Biermanns, J.*: »Überströme in Hochspannungsanlagen«, Springer (1926).

[Bo46] *Bosley, W.*: »Betatrons«-review, J. Sci .Inst., *23*, 277 (1946).

[Br27] *Breit, G. and Tuve, M.A.*: Carnegie Institution Year Book *27*, 209 (1927/28) (über Betatron-Versuche).

[Br28] *Breit, G., Dahl, O., Hafstad, L.R. und Tuve, M.A.*: (Carnegie Institution Team), über Teslaspulen-Hochspannungsgeräte; Nature *121*, 535 (1928), Phys. Rev.: *35*, 51 (1930); *35*, 66 (1930); *35*, 1406 (1930); *36*, 1261 (1930).

[Br30] *Brasch, A. und Lange, F.*: Naturwiss., *18*, 769 (1930); Z. Physik, *70*, 10 (1931) (Experimente mit Hochspannungsgeneratoren).

[Cl89] *Close, F., Marten, M. und Sutton, Ch.*: »Spurensuche im Teilchenzoo«, Spektrum-der-Wissenschaft-Buch, Heidelberg 1989, 304 S., Englische Originalfassung: »The Particle Explosion«, Oxford University Press, 1987. Hier findet man historische Daten und viele gute Illustrationen zur Geschichte der Teilchenphysik.

[Ch50] *Christofilos, N.*: »Focussing System for Ions and Electrons« US-Pat. 2 736 799, eingereicht am 10.3.1950, ausgegeben am 28.2.1956, wiedergegeben in [Li66], S.270.

[Co32] *Cockroft, J.D. and Walton, E.T.S.*: Proc. Roy. Soc. (London), *A136*, 619 (1932); *A137*, 229 (1932); *A144*, 333 (134).

[Co52] *Courant, E.D., Livingston, S.L. and Snyder, H.S.*: »The Strong Focusing Synchrotron – A New High Energy Accelerator«, Phys. Rev. *88*, 1190-1196 (1952), wiedergegeben in [Li66], S. 262.

[Da81] *Dahl, O.*: »Trollmann og rundbrenner« Gyldendal Norsk Forlag – Oslo (1981), Autobiographie, 228 Seiten (vergriffen). Ein schönes Buch mit vielen Geschichten zu den ersten Teilchenbeschleunigern, über Wideröe und auch über die Entstehung des des CERN.

[Da92] *Dahl, P.F.*: »Rolf Wideröe: Progenitor of Particle Accelerators«, SSC-Report SSCL-SR-1186, 10 S., (1992).

[Ec93] *Eckert, M.*: »Die Atomphysiker – Eine Geschichte der theoretischen Physik am Beispiel der Sommerfeld-Schule«, Vieweg Braunschweig (1993), 308 Seiten.

[Fo93] *Ford, J.*: »Little Linacs Fight Cancer«, Beam Line (SLAC), *23*, Nr. 1, p. 6-13 (1993).

[Go46] *Goward, F.K. and Barnes,D.E.*: Nature, *158*, 413 (1946).

[Go64] *Gonella, L., Nabholz, H. and Wideröe, R.*: »The Turin 100-MeV Electron Synchrotron« Nuclear Instr. & Methods, *27* 141-155 (1964).

[Gr21] *Greinacher, H.*: Z. Physik *4*, 195 (1921)

[Gr31] *Graaff, R. J. Van de*: Phys. Rev. *38*, 1919A (1931). Dies war die erste einer Reihe von Veröffentlichungen über elektrostatische Hochspannungsgeneratoren.

[Gu46] *Gund, K.*: Dissertation Göttingen (1947, unveröffentlicht).

[Gu49] *Gund, K. und Reich, H.*: Z. Physik *126*, 383 (1949) über die Extraktion der Elektronen (1947) aus dem 5-MeV-Betatron.

[Gu50] *Gund, K. und Paul, W.*: »Experiments with a 6-MeV-Betatron«, Nucleonics, *7*, 37 (July, 1950).

[He87] *Hermann, A., Krige, J., Mersits, U. and Pestre, D.*: »History of CERN«, North Holland Amsterdam Vol. 1 and 2 (1987).

[Is24] *Ising, G.*: »Prinzip einer Methode zur Herstellung von Kanalstrahlen hoher Voltzahl« (auf Deutsch), Arkiv för matematik o. fysik, *18*, Nr. 30, 1-4 (1924).

[Is33] *Ising, G.*: »Högspänningsmetoder för atomsprängning« in Kosmos, Jahrbuch der Schwedischen Phys. Ges. (1933).

[Ja36] *Jassinski, W.W.*: Arch. f. Elektrot., *30*, 590 (1936).

[J078] *Jones, R.V.*: »Most Secret War«, Hamish Hamilton Ltd. 1978, Coronet edition 1979, 702 Seiten

[Ka47] *Kaiser, H.F.*: »European Electron Induction Accelerators«, J. of Appl. Phys. *18*, 1-17 (1947). Überblicksbericht mit vielen Angaben über die Arbeiten von Gund und Wideröe und über das bei BBC 1944 geplante 200-MeV-Betatron.

[Ke40a] *Kerst, D.W.*: »Acceleration of Electrons by Magnetic Induction«, Letter to the Editor (15.10.1940), Phys.Rev., *58*, 841 (1940).

[Ke40b] *Kerst, D.W. (General Electric)*: »Magnetic Induction Accelerator« US-Patent 2 297 305, angemeldet am 13.11.1940, erteilt am 29.9.1942.

[Ke41a] *Kerst, D.W.*: »Induction Electron Accelerator«, (Comm. Am. Phys. Soc. Nov. 22-23, 1940) Phys.Rev. *59*, 110 (1941).

[Ke41b] *Kerst, D.W.*: »The Acceleration of Electrons by Magnetic Induction«, Phys.Rev. *60*, 47-53 (1941), auch in [Li66], S. 188.

[Ke41c] *Kerst, D.W. and Serber, R.*: »Electronic Orbits in the Induction Accelerator«, Phys.Rev. *60*, 53 (1941), auch in [Li66], S. 194.

[Ke42] *Kerst, D.W.*: »20 MeV Betatron or Induction Accelerator«, Jour.Sci.Instr. *13*, 387-394 (1942).

[Ke46] *Kerst, D.W.*: (Historic Review) Nature *157*, 90 (1946).

[Ke56] *Kerst, D.W., Cole, F.T., Crane, H.R., Jones, L.W., Laslett, L.J., Ohkawa, T., Sessler, A.M., Symon, K.R., Terwilliger, K.W. and Nilsen, N.V.*: »Attainment of Very High Energy by Means of Intersecting Beams of Particles«, Phys. Rev.(Letter) *102*, 590-591 (1956).

[Ko45] *Kollath, R.*: Bericht 11.12.45, ETH-Bibl. *Hs 903*: 29 (5 S.).

[Ko47] *Kollath, R. und Schumann, G.*: »Untersuchungen an einem 15-MeV-Betatron«, Z. Naturforschg. *2a*, 634-642 (1947).

[Ko55] *Kollath, R.*: »Teilchenbeschleuniger«, Vieweg Verlag Braunschweig, 1. Auflage 1955 (222 Seiten), 2. neubearb. Auflage 1962 mit weiteren Autoren (335 Seiten).

[La30] *Lawrence, E.O. and Edlefsen, N.E.*: Science, *72*, 376 (1930)

[La31a] *Lawrence, E.O. and Sloan, D.*: Proc. Nat. Ac. Sc., *17*, 64 (1931) und »The Production of Heavy High Speed Ions without the Use of High Voltages«, Phys. Rev. *38*, 2022 (1931) wiedergegeben in [Li66], S. 151.

[La31b] *Lawrence, E.O.*: (Erstes Zyklotron in Betrieb; 80 keV, 13 cm) Commun. to the Am. Phys. Soc., January 1931.

[Le18] *Lenard, Ph.*: »Quantitatives über Kathodenstrahlen aller Geschwindigkeiten«, Abhandlungen der Akademie der Wissenschaften, Heidelberg 1918, 2. Aufl. 1925; Carl Winter Universitätsbuchhandlung, S. 1 bis 258 + Tabellen.

[Li31] *Livingston, M.S.*: »The Production of high-velocity Hydrogen Ions without the Use of High Voltages«, Ph.D. thesis, University of California, April 14, 1931.

[Li62] *Livingston, M.S. and Blewett, J.P.*: »Particle Accelerators«, McGraw-Hill Book Company, Inc. (1962), 666 Seiten, mit vielen historischen Hinweisen.

[Li66] *Livingston, M.S.*: »The Development of High-Energy-Accelerators« (Buch mit Nachdrucken von Originalartikeln und Kommentaren auf Englisch) Dover Publish. Inc. N.Y. (1966).

[Mc45] *McMillan, E.M.*: »The Synchrotron – A Proposed High Energy Particle Accelerator«, Phys. Rev. *68*, 143-144 (1945) (Issue Nr. 5 and 6, Sept. 1 and 15 1945), eingereicht am 5. Sept. 1945; auch in [Li66], S. 211.

[Me44] *Meyer-Delius*: BBC-Geheimprot. ETH-Bibl. *Hs 903*: 63

[Mu43] *»Dr. Müller«*: »Über die Elektronenerzeugung im Strahlentransformator«, Bericht, Zeichnung, ETH-Bibl. *Hs 903*: 47, 1:1 Zeichnung des Betatrons usw, *Hs 903*: 35-40.

[O'N56] *O'Neill, G.*: »The Storage Ring Synchrotron«, Proc. Int. Conf. on High Energy Accelerators, Vol.*1*, p. 64-67 (1956).

[O'N59] *O'Neill, G.*: »Storage Rings for Electrons and Protons«, Proc. Int. Conf. on High-Energy Accelerators and Instrumentation«, CERN, Genf 1959, S 125-136.

[O'N76] *O'Neill, G.*: »The High Frontier, Human Colonies in Space«, William Morrow New York (1976), 283 Seiten; Hinweis auf Wideröe S. 239.

[Os87] *Osietzki, M.*: »Das Liliput-Zyklotron – ein vergessenes Projekt«, Kultur und Technik, *3*, 182-187 (1987).

[Os88] *Osietzki, M.*: »Kernphysikalische Großgeräte zwischen naturwissenschaftlicher Forschung, Industrie und Politik. Zur Entwicklung der ersten deutschen Teilchenbeschleuniger bei Siemens 1935-45« Technikgeschichte, *55*, S. 25-46 (1988).

[Pa47] *Paul, W. und Dänzer, H.*: »Betatrons«, Kap. 5.5 in »Naturforschung und Medizin in Deutschland 1939-1946« Bd. *14* Teil II, S. 49-80, Verlag Chemie, Weinheim (1947).

[Pa79] *Paul, W.*: »Early Days in the Development of Accelerators«, Proc. Internat. Symposium in Honor of Robert R. Wilson, April 27, 1979.

[Pa93] *Paul, W.*: Brief an Pedro Waloschek vom 14. Januar 1993.

[Pu82] *Purohit, S.C. and Pohlit, W.*: Int. Journ. Radiation and Onkol. Biol. Phys. *8*, 495-499 (1982).

[Ru29] *Rüdenberg, R. (Herausgeber)*: »Relais und Schutzschaltungen in elektrischen Kraftwerken und Netzen« Julius Springer Berlin 1929, 284 Seiten.

[Ru33] *Rüdenberg, R. und Steenbeck, M. (Siemens)*: D.R.-Pat. 656 378, eingereicht am 1.3.33, veröffentlicht am 4.2.38.

[Se58] *Sempert, M.*: »Das Brown Boveri 31-MeV-Betatron für zerstörungsfreie Werkstoffprüfung«, Brown Boveri Mitt., 45, 383-396 (1958).

[Se82] *Segrè, E.*: »Die großen Physiker und ihre Entdeckungen«, Piper (1982) 358 Seiten.

[Sl22] *Slepian, J.*: »X-Ray Tube« US-Pat. 1 645 304, eingereicht am 1.4.1922, erteilt am 11.10.1927. Es wurde auch in Deutschland angemeldet und 1928 erteilt.

[St35] *Steenbeck, M. (Siemens)*: D.R.-Patent 698 867, eingereicht am 7.3.1935, ausgegeben am 6.12.1940 (Österr. Patent Nr. 153 324).

[St36] *Steenbeck, M. (Siemens)*: US-Pat. 2 103 303, eingereicht am 6.3.1936, erteilt am 28.12.37 .

[St43] *Steenbeck, M.*: »Beschleunigung von Elektronen durch elektrische Wirbelfelder«, Naturwissenschaften, Heft 19/20, **31**, 234ff (1943).

[St77] *Steenbeck, M.*: »Impulse und Wirkungen – Schritte auf meinem Lebensweg«, Verlag der Nation Berlin DDR (1977), 447 Seiten.

[Sw92] *Swinne, E.*: »Richard Gans – Hochschullehrer in Deutschland und Argentinien«, Berliner Beiträge zur Geschichte der Naturwissenschaften und der Technik, ERS-Verlag, Berlin (1992).

[Sw93] *Swinne, E.*: mehrere Briefe an Pedro Waloschek (1993).

[Ta93] *Tangen, R.*: Briefe an Pedro Waloschek vom 18.5.1993, 9.7.1993 und 22.7.1993.

[To45] *Touschek, B.*: Maschinengeschriebene Berichte über das Betatron, ETH-Bibl. *Hs 903*: 29, 30, 33, 73, 74.

[To60] *Touschek, B.*: Erster Vorschlag, einen Elektron-Positron-Speicherring zu bauen; Seminar in Frascati, am 7. März 1960 (s. [Am81]).

[Ve45] *Veksler, V.*: »A New Method of Acceleration of Relativistic Particles«, Journal of Physics UdSSR, *9*, 153-158 (1945), wiedergegeben auf Englisch in [Li66], S. 202.

[Wa29] *Walton, E.T.S.*: Proc. Cambr. Phil. Soc. *25*, 469-481 (1929).

[Wa89] *Waloschek, P.*: »Der Multimensch – Forscherteams auf den Spuren der Quarks und der Leptonen«, Ullstein Sachbuch Nr. 34574 (1989), 224 Seiten.

[Wa91] *Waloschek, P.*: »Reise ins Innerste der Materie – Mit HERA an die Grenzen des Wissens«, 280 Seiten, DVA Stuttgart (1991).

[Wa93] *Waloschek, P.*: »Wideröe über Wideröe – Ein Zeitzeuge berichtet«, Videoband 55 Minuten, Aufnahmen vom Oktober 1992. VHS-Kopien erhältlich bei Nick Wall Photography, Achter Lüttmoor 45, D - 22559 Hamburg.

[We45] *Westendorp, W.F.*: J. Appl. Phys. *16*, 657 (1945).

[Wi23] *Wideröe, R.*: handgeschriebene Hefte aus den Jahren 1923 und folgende, mit Skizzen und Berechnungen zum Bau eines »Strahlentransformators«, ETH-Bibl. Zürich.

[Wi26] *Wideröe, R.*: »Inflationsanalyse«, Bericht über die Inflation 1922-23, Statsökonomisk Tidskrift (Oslo), Jahrgang 1924, S. 189-206.

[Wi28] *Wideröe, R.*: »Über ein neues Prinzip zur Herstellung hoher Spannungen«, Arch. f. Elektrot. *21*, 387 (1928) (Wideröes Dissertation an der TH-Aachen) wiedergegeben auf Englisch in [Li66], S. 92.

[Wi37] *Wideröe, R.*: »Über technische Probleme der gekuppelten Kraftwerke in Ostnorwegen«, Zeitschrift »E und M Wien« (Elektrotechnik und Maschinenbau), *55*, 617-624 (1937).

[Wi43a] *Wideröe, R. (BBC)*: D.R.-Pat. Nr. 876279, Klasse 21g, Gruppe 36, eingereicht am 8.9.1943, ausgegeben am 11.5.1953. Thema: Speicherringe.

[Wi43b] *Wideröe, R.*: »Der Strahlentransformator«, Arch. f. Elektrot., *37*, 542-555 (1943), eingegangen am 15.9.1942.

[Wi43c] *Wideröe, R.*: Bericht aus Oslo zum Bau von Betatrons, vom 6.11.1943, 4 Seiten, ETH-Bibl. *Hs 903*: 48.

[Wi44] *Wideröe, R.*: Berichte über Besuche bei BBC in Weinheim vom 27. bis 29. April 1944, geschrieben am 1.5.44, ETH-Bibl. *Hs 903*: 62 und 63.

[Wi46] *Wideröe, R.*: »Anordnung zur Beschleunigung von elektrisch geladenen Teilchen« Norwegisches Patent Nr. 76 696 (zur Theorie des Synchrotrons), eingereicht am 31.1.1946; in Deutschland eingereicht am 9.11.1948 Nr. 847 318, bekanntgemacht: 26.6.1952.

[Wi47a] *Wideröe, R.*: »European Induction Accelerators«, Journ. of Appl. Physics, *18*, 783 (1947), a note on Kaisers Report [Ka47].

[Wi47b] *Wideröe, R.*: »The Gigator – a Proposed New Circular Accelerator for Heavy Particles«, Phys. Rev. *72*, 978 (1947).

[Wi49] *Wideröe, R. (BBC)*: »Einrichtung zur Beschleunigung von elektrisch geladenen Teilchen« (Betatron) D.R.-Pat. 856 491, ausgegeben am 20. Nov. 1952; zuerst in der Schweiz eingereicht, am 25. Sept. 1949.

[Wi52] *Wideröe, R.*: Deutsches Strahlextraktionspatent, Nr. 954814; eingereicht 4.11.1952, ausgegeben 20.12.1956.

[Wi53] *Wideröe, R.*: »Das Betatron«, Z. f. angewandte Physik, *5*, 187-200 (1953) (mit sehr vielen Literaturhinweisen).

[Wi59] *Wideröe, R.*: »Physik und Technik der Megavoltbestrahlung«, in H.R. Schinz, Strahlenbiologie, Ergebnisse 1952-1958, Thieme Verl. 1959, S.289-360, 92 Literaturverweise.

[Wi62] *Wideröe, R.*: »Grundlage und Technik der Megavolttherapie«, Ärztliche Forschung, *16*, I/598-I/614 (1962).

[Wi64] *Wideröe, R.*: »Die ersten zehn Jahre der Mehrfachbeschleunigung«, (nach einem Vortrag in Jena) Wissensch. Zeitschr. der Friedrich-Schiller-Universität Jena, *13*, 431-436 (1964).

[Wi70] *Wideröe, R.*: Veröffentlichungen, Schriften und Patente, 17 Bände, Wissenschaftshistorische Sammlung der ETH-Bibliothek Zürich, Signatur: R 1970/461: 1-17 (Hs).

[Wi84] *Wideröe, R.*: »Some Memories and Dreams from the Childhood of Particle Accelerators«, Europhysics News, *15*, 9-11 (1984).

[Wi90] *Wideröe, R.*: »Zweikomponententheorie und Strahlentherapie«, Vortrag im Paul-Scherrer-Inst., Villingen, 1988, Strahlenther. Onkoll *166*, 311-316 (1990).

Bemerkung: Das Literaturverzeichnis enthält die bei der Herstellung des Berichtes benutzten Veröffentlichungen. Nicht alle werden im Text ausdrücklich erwähnt.

Anhang

Vorweg einige Bemerkungen:

Wideröes Dissertation [Wi28] mit den Ergebnissen über die erste funktionierende Driftröhre (und mit seinem Betatron-Vorschlag im Anhang) wurde in einer angesehenen Zeitschrift veröffentlicht, dann ins Englische übersetzt und erreichte eine entsprechend weite Verbreitung. Die zum Teil sehr wichtigen Ideen, die Wideröe später als Patente angemeldet hat, sind dagegen in Forscherkreisen relativ wenig bekannt.

Dies ist verständlich, denn Patente enthalten in der Regel keine wissenschaftlichen Ergebnisse, sondern Erfindungen, also Ideen oder technische Entwicklungen, für die der Erfinder und meist die Firma, für die er arbeitet, ihr geistiges Eigentum rechtlich schützen möchten.

Das Patentamt prüft die zu schützenden Ideen: Sie dürfen dem Stand des Wissens nicht widersprechen und auch nicht vorher anderswo veröffentlicht worden sein. Eine praktische Realisierbarkeit soll zwar plausibel erscheinen, muß aber nicht nachgewiesen werden. Der wissenschaftliche Wert wird nicht beurteilt. Nur der Erfinder (oder die im Patent genannte Firma) kann die patentierten Ideen nutzen. Er kann aber auch Lizenzen dafür an andere erteilen oder verkaufen. Diese Rechte können nur geltend gemacht werden, solange das Patent gültig ist. Dafür müssen Gebühren an das Patentamt entrichtet werden. Die maximale Laufzeit der Patente beträgt in Deutschland 20 Jahre.

In der Grundlagenforschung gelten ganz andere Gepflogenheiten: Man veröffentlicht Ergebnisse und Vorschläge gerade, damit sie von anderen benutzt oder weiterentwickelt werden. Der Nutzen für den Wissenschaftler selbst besteht in der Priorität, die er sich durch die Publikation sichert – was wiederum seine Stellung als Forscher stärkt. Technische Details werden gerne weitergegeben, da eine wirtschaftliche Verwertung meist nicht in Frage kommt. Neue Ideen werden hier als »Vorschläge« bezeichnet und nicht als Erfindungen. Patente werden berücksichtigt, aber nicht als wissenschaftliche Arbeiten betrachtet.

Forscher, die in der Industrie tätig sind, wie es bei Wideröe der Fall war, befinden sich oft in der Situation, ihre Ideen als Patente anmelden zu müssen, um den von ihrer Firma (oder selbst) gewünschten rechtlichen Schutz zu erhalten. Eine Publikation würde meist sogar den Interessen der Firma schaden. Entsprechend sind einige der Patente Wideröes von besonderer Art. Sie enthalten Ideen für den Bau von Beschleunigern, die, wenn sie in Fachzeitschriften erschienen wären, sicher großes Interesse erweckt hätten. Die zwei wahrscheinlich wichtigsten werden im Folgenden als Faksimile wiedergegeben.

Die Patentschrift auf den Seiten 183 bis 186 enthält den ersten bekannten Vorschlag für den Bau eines Speicherringes. Wideröe nannte ihn »Reaktionsröhre« oder »Kernmühle«. Als Ringbeschleuniger kam damals nur der Strahlentransformator (oder Betatron) in Frage, der einzige, in dem Teilchen auf einer festgelegten Ringbahn stabil umlaufen. Das Synchrotron gab es noch nicht. Wideröe dachte wohl an relativ kleine Ringe und an Teilchenenergien von einigen MeV. Deshalb schlug er vor, Teilchen gleicher elektrischer Ladung (Atomkerne) mit elektrischen Feldern (die ja relativ schwach auf die Teilchen wirken) auf Kreisbahnen entgegengesetzter Richtung zu zwingen. Diese Art von Speicherring wurde nie gebaut.

In der Patentschrift wird aber auch der Vorschlag erwähnt, elektrisch positiv und negativ geladene Teilchen in einer Ringröhre, mit Hilfe von Magnetfeldern (die ja viel stärker wirken), in entgegengesetzter Richtung umlaufen und kollidieren zu lassen. Wideröe nennt als positive Teilchen Atomkerne (und besonders Protonen), die gegen negative Elektronen in einem Ring stoßen, was durchaus machbar ist. Genau solch eine Einrichtung wurde 1972 bei DESY von H. Gerke, H. Wiedemann, B. Wiik und G. Wolf vorgeschlagen: Protonen und Elektronen sollten im Speicherring DORIS zum Zusammenstoß gebracht werden. Aber schon im Jahr 1960 hatte ja Bruno Touschek die Idee Wideröes mit Positronen und Elektronen zum ersten Mal in Frascati zum Funktionieren gebracht und den Siegeszug dieser Maschinen eingeleitet.

Das zweite Patent, das hier auf den Seiten 187 bis 196 gezeigt wird, beinhaltet eine wissenschaftliche Abhandlung zur Theorie und zum Aufbau von Synchrotrons (Wideröe nannte sie »Gigator«). Es enthält viele Ideen, die heute als Grundregeln beim Bau von Synchrotrons und Speicherringen betrachtet werden. Es ist erstaunlich, wieviel Neues Wideröe damals entwickelt hat, als er 1945 in Oslo arbeitslos war und viel Zeit dafür hatte (das Patent hat BBC bei Wideröes Einstellung 1946 von ihm erworben). Die fast gleichzeitig entstandenen Vorstellungen von McMillan [Mc45] und Veksler [Ve45] enthalten zwar im Prinzip ähnliche Ideen, aber weniger praktische Anregungen.

Die beiden hier wiedergegebenen Patente Wideröes und noch einige mehr kann man zu einem guten Teil als wissenschaftliche Beiträge betrachten. Als Patente haben sie der Firma BBC wohl keine nennenswerten Lizenzeinnahmen gebracht. Und als dann größere und jetzt sogar auch industriell nutzbare Speicherringe gebaut wurden, waren die Patente schon längst abgelaufen. Vom historischen Standpunkt sind es aber interessante Dokumente, die das erstaunliche Niveau der damaligen Gedankengänge Wideröes klar beweisen.

P.W.

Erteilt auf Grund des Ersten Überleitungsgesetzes vom 8. Juli 1949
(WiGBl. S. 175)

BUNDESREPUBLIK DEUTSCHLAND

AUSGEGEBEN AM
11. MAI 1953

DEUTSCHES PATENTAMT

PATENTSCHRIFT

Nr. 876 279
KLASSE 21g GRUPPE 36
W 687 VIIIc / 21g

Dr.-Ing. Rolf Wideröe, Oslo
ist als Erfinder genannt worden

Aktiengesellschaft Brown, Boveri & Cie, Baden (Schweiz)

Anordnung zur Herbeiführung von Kernreaktionen

Patentiert im Gebiet der Bundesrepublik Deutschland vom 8. September 1943 an
Patentanmeldung bekanntgemacht am 18. September 1952
Patenterteilung bekanntgemacht am 26. März 1953

Kernreaktionen können dadurch herbeigeführt werden, daß geladene Teilchen von hoher Geschwindigkeit und Energie, in Elektronenvolt gemessen, auf die zu untersuchenden Kerne geschossen werden. Wenn die geladenen Teilchen in einen gewissen Mindestabstand von den Kernen gelangen, werden die Kernreaktionen eingeleitet. Da aber neben den zu untersuchenden Kernen noch die gesamten Elektronen der Atomhülle vorhanden sind und auch der Wirkungsquerschnitt des Kernes sehr klein ist, wird der größte Teil der geladenen Teilchen von den Hüllenelektronen abgebremst, während nur ein sehr kleiner Teil die gewünschten Kernreaktionen herbeiführt.

Erfindungsgemäß wird der Wirkungsgrad der Kernreaktionen dadurch wesentlich erhöht, daß die Reaktion in einem Vakuumgefäß (Reaktionsröhre) durchgeführt wird, in welchem die geladenen Teilchen hoher Geschwindigkeit gegen einen Strahl von den zu untersuchenden und sich entgegengesetzt bewegenden Kernen auf einer sehr langen Strecke laufen müssen. Dies kann in der Weise durchgeführt werden, daß die geladenen Teilchen zum mehrmaligen Umlauf in einer Kreisröhre gezwungen werden, wobei die zu untersuchenden Kerne auf derselben Kreisbahn, aber in entgegengesetzter Richtung umlaufen. Da die geladenen Teilchen dabei nicht von bei der Reaktion unwirksamen Elektronen abgebremst werden und andererseits auf einer sehr langen Wegstrecke gegen die Kerne sich bewegen können, wird die Wahrscheinlichkeit für das Eintreten der Kernreaktionen wesentlich größer und der Wirkungsgrad der Reaktion sehr stark erhöht.

Um die bei der Kreisbewegung entstehenden Zentrifugalkräfte aufzuheben, müssen die umlaufenden Teilchen von nach innen gerichteten Ablenkkräften gesteuert werden, während eine Diffusion der Teile mittels stabilisierender, von allen Seiten auf den Bahnkreis gerichteter Kräfte verhindert wird. Falls die gegeneinander umlaufenden Teilchen verschiedene Ladung haben, müssen die Ablenkkräfte mittels senkrecht zum Bahnkreis gerichteter magnetischer Felder hergestellt werden.

Sind dagegen die Teilchen von der gleichen Ladung, so muß die Ablenkung mittels eines in der Ebene des Bahnkreises radial wirkenden elektrostatischen Feldes hervorgerufen werden.

Erfindungsgemäß wird ein besonders ausgebildeter Strahlentransformator verwendet, um schnell bewegte Elektronen zur Reaktion mit Kernen zu bringen. Die Kernstrahlen, z. B. Protonenstrahlen, werden dann während der Beschleunigungszeit der Elektronen in die Kreisröhre hineingeführt.

Die für die Kernreaktion maßgebende Elektronenspannung (= Elektronengeschwindigkeit) kann dadurch gewählt werden, daß man die Kernstrahlen zu einem früheren oder späteren Zeitpunkt während der Beschleunigungsperiode in die Kreisröhre einführt. Dadurch, daß die Kerne den Elektronen entgegenlaufen, wird die relative Geschwindigkeit und somit auch die der Geschwindigkeit entsprechende Spannung noch erhöht. Um den Eintritt der Kernstrahlen in die Kreisröhre zu ermöglichen, muß dieselbe zwei entgegengesetzt gerichtete Eintrittsöffnungen besitzen.

Die Einwirkungen von schnell bewegten Protonen auf Deuteronen haben sich als besonders geeignet für die Herbeiführung von Kernreaktionen erwiesen.

Um derartige Kernreaktionen herbeizuführen, muß die Reaktionsröhre, wie bereits beschrieben, mit einer elektrostatischen Steuerung versehen werden. Das elektrostatische Feld ist dabei radial nach innen gerichtet. Um stabilisierende Kräfte mit sowohl radialen als auch axialen, d. h. senkrecht zu der Radialrichtung gerichteten Komponenten zu erhalten, soll dabei erfindungsgemäß die elektrische Feldstärke nach innen zunehmen. Man erhält hierdurch, wie Abb. 1 es zeigt, eine axiale Stabilisierungskraft. Mit 10 ist die Achse des Bahnkreises bezeichnet und mit 11 der Querschnitt durch die Kreisringröhre. Zwischen die Platten 12 und 13 ist eine Spannung des durch Plus- und Minuszeichen angegebenen Vorzeichens zu legen. Damit man auch eine radial gerichtete Stabilisierungskraft erhält, muß die Zunahme der Feldstärke langsamer als umgekehrt proportional mit dem Radius zunehmen. Man kann beispielsweise die Feldstärke proportional $1/\sqrt{r}$ sich ändern lassen, wenn r den Bahnkreisradius bedeutet. Bevor die Protonen bzw. Deuteronen in die Reaktionsröhre eingeführt werden, müssen sie eine hohe Geschwindigkeit erreicht haben.

Diese hohen Geschwindigkeiten bzw. Spannungen, in Elektronenvolt gemessen, können den geladenen Teilchen erfindungsgemäß in einem oder mehreren Strahlentransformatoren erteilt werden.

Die Beschleunigung von Protonen und Deuteronen sowie auch anderer Kerne in einem Strahlentransformator bereitet keine prinzipiellen Schwierigkeiten. Bei der Wahl der Anfangsspannung und der Vormagnetisierung des Steuerfeldes des Transformators muß man in die für Strahlentransformatoren allgemein gültige Beziehung (1), in der B_s die Steuerfeldstärke, B_i die Induktionsfeldstärke, c die Lichtgeschwindigkeit, r wieder den Bahnkreisradius, U_0 die Anfangsgeschwindigkeit, ε die sogenannte spezifische Massenenergie $= \frac{mc^2}{e}$ (m = Masse, e = Ladung des betreffenden Teilchens) bedeutet und der Anfangswert B_{i0} der induzierenden Feldstärke zu $-B_{im}$ angenommen ist, was besagt, daß die induzierende Feldstärke zu Anfang der Beschleunigung einen negativen Maximalwert besitzt:

$$B_s = \frac{1}{2} B_i + \left(\frac{1}{cr} \sqrt{U_0^2 + 2 U_0 \varepsilon} + \frac{1}{2} B_{im} \right), \quad (1)$$

für ε den für Protonen bzw. Deuteronen gültigen Wert (933 MV für Protonen und 1866 MV für Deuteronen) einsetzen. Aus der Beziehung (2) ersieht man, daß es zweckmäßig sein wird, eine möglichst hohe Anfangsspannung U_0 zu verwenden, um eine hohe maximale Spannung zu erhalten.

$$U_{max} = U_0 + \varepsilon \left(\sqrt{\left(\frac{c r B_{im}}{\varepsilon} \right)^2 + 1} - 1 \right) \quad (2)$$

Aus diesem Grunde wird es sich als zweckmäßig erweisen, die Protonen abwechselnd in zwei Strahlentransformatoren oder mittels einer bereits an anderer Stelle vorgeschlagenen Kaskadenschaltung von mehreren Strahlentransformatoren zu beschleunigen.

Falls man einen oder mehrere Strahlentransformatoren zur Beschleunigung der zur Reaktion zu bringenden Teilchen verwendet, kann man gemäß der Erfindung zunächst die eine Art von Teilchen in dem Transformator beschleunigen und dann in die Reaktionsröhre leiten. In der nächsten Beschleunigungsperiode kann man dann die Teilchen der anderen Art, wobei die reagierenden Teilchen auch gleicher Art sein können, in demselben Strahlentransformator beschleunigen.

Die Teilchen müssen dann auf verschiedenen Wegen in die Reaktionsröhre geleitet werden, so daß sich hier eine entgegengesetzte Umlaufsrichtung ergibt (Abb. 2). Die Teilchen können auch bereits in der Kreisröhre des Transformators verschiedene Umlaufsrichtungen haben (Abb. 3). Man kann schließlich auch die beiden Teilchenarten gleichzeitig in zwei Transformatorröhren beschleunigen, die durch den gleichen magnetischen Induktionsfluß erregt werden (Abb. 4). In Abb. 2 bis 4 sind die mit I und II bezeichneten Pfeile die Fortbewegungsrichtungen der beiden Teilchenarten.

In der Reaktionsröhre rotieren bei allen gezeichneten Ausführungsformen die an der Reaktion teilnehmenden Teilchen mit konstanter Geschwindigkeit. Diese Reaktionsröhre wird demnach nicht wie die Kreisringröhre des Strahlentransformators von einem sich zeitlich ändernden Fluß durchsetzt, sondern besitzt nur ein die Fliehkraft der Teilchen aufhebendes elektrostatisches oder magnetisches Steuerfeld und ein von allen Seiten auf den Bahnkreis hin gerichtetes, eine Diffusion der Teilchen verhinderndes Kraftfeld.

PATENTANSPRÜCHE:

1. Anordnung zur Herbeiführung von Kernreaktionen, gekennzeichnet durch die Benutzung einer luftleeren Reaktionsröhre, in welcher geladene Teilchen gleicher oder verschiedener Art zum gleich-

zeitigen Umlauf in verschiedener Richtung gebracht werden.

2. Anordnung nach Anspruch 1, dadurch gekennzeichnet, daß ein Strahlentransformator während der Transformationsperioden sowohl mit Elektronen als auch mittels positiver Teilchen aufgeladen wird.

3. Anordnung nach Anspruch 2, dadurch gekennzeichnet, daß die positiven Teilchen früher oder später als die Elektronen in die Röhre eingeführt werden.

4. Anordnung nach Anspruch 1, dadurch gekennzeichnet, daß die Reaktionsröhre bei Reaktionen zwischen Teilchen gleicher Ladung elektrostatisch gesteuert wird.

5. Anordnung nach Anspruch 4, dadurch gekennzeichnet, daß das elektrostatische Steuerfeld radial nach außen abnimmt, jedoch langsamer als umgekehrt proportional mit dem Radius.

6. Anordnung nach Anspruch 1, dadurch gekennzeichnet, daß die Teilchen in einem oder mehreren Transformatoren beschleunigt werden, bevor sie in die Reaktionsröhre eingeführt werden.

7. Anordnung nach Anspruch 6, dadurch gekennzeichnet, daß die Teilchen in die Reaktionsröhre abwechselnd auf zwei verschiedenen Wegen eingeleitet werden und in dieser Weise verschiedene Umlaufsrichtungen erhalten.

8. Anordnung nach Anspruch 6, dadurch gekennzeichnet, daß die Teilchen in der Transformatorröhre verschiedene Umlaufsrichtungen haben und auch in der Reaktionsröhre verschiedene Umlaufsrichtungen besitzen.

9. Anordnung nach Anspruch 6, dadurch gekennzeichnet, daß die Teilchen in zwei verschiedenen Transformatorröhren gleichzeitig beschleunigt werden und beide Transformatorröhren von demselben Induktionsfluß erregt werden.

Hierzu 1 Blatt Zeichnungen

O 5094 4.53

Zu der Patentschrift 876 279
Kl. 21 g Gr. 36

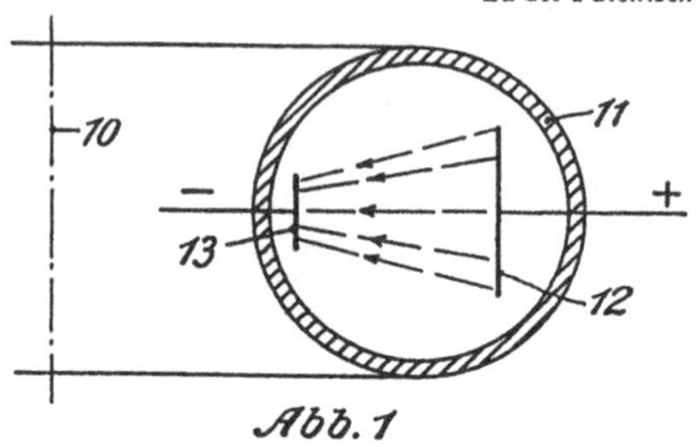

Abb. 1

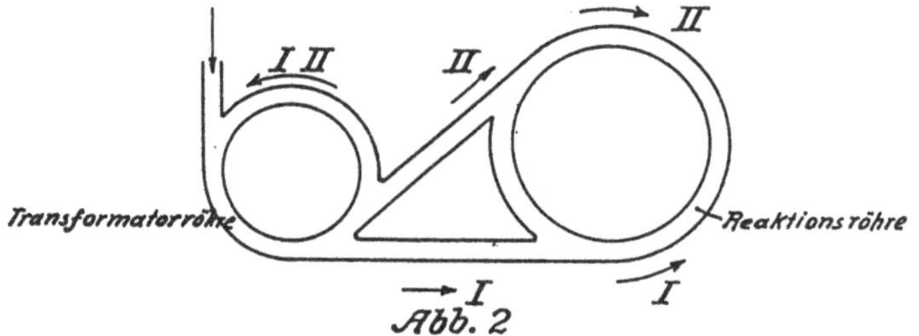

Abb. 2

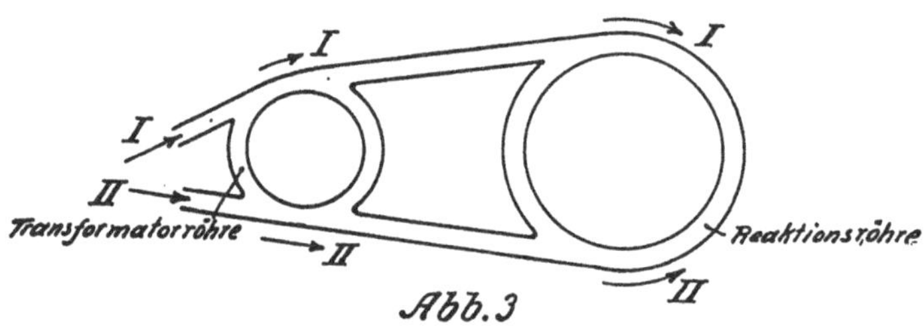

Abb. 3

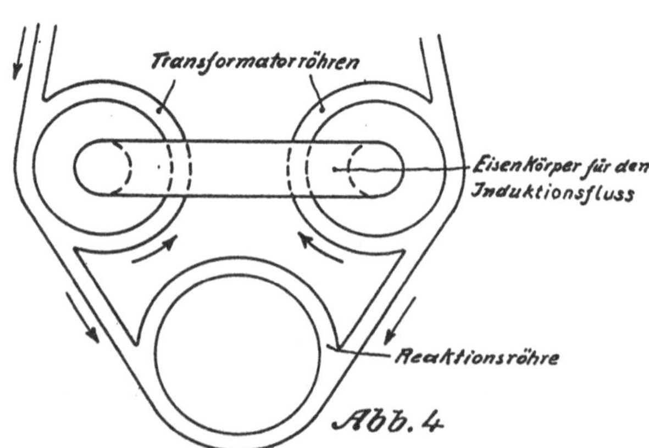

Abb. 4

Erteilt auf Grund des Ersten Überleitungsgesetzes vom 8. Juli 1949
(WiGBl. S. 175)

BUNDESREPUBLIK DEUTSCHLAND

AUSGEGEBEN AM 21. AUGUST 1952

DEUTSCHES PATENTAMT

PATENTSCHRIFT

Nr. 847 318

KLASSE 21g GRUPPE 36

p 21107 VIIIc/21g D

Dr.-Ing. Rolf Wideröe, Ennetbaden (Schweiz)
ist als Erfinder genannt worden

Aktiengesellschaft Brown, Boveri & Cie, Baden (Schweiz)

Anordnung zur Beschleunigung von elektrisch geladenen Teilchen

Patentiert im Gebiet der Bundesrepublik Deutschland vom 9. November 1948 an
Patentanmeldung bekanntgemacht am 9. August 1951
Patenterteilung bekanntgemacht am 26. Juni 1952
Die Priorität der Anmeldung in Norwegen vom 31. Januar 1946 ist in Anspruch genommen

Wenn Elektronen oder Ionen große Geschwindigkeiten erteilt werden sollen, kann dies durch Beschleunigung in Potentialfeldern geschehen, die durch eine hochfrequente Wechselspannung erzeugt werden. Dieser Vorgang ist in Fig. 1 der Zeichnung dargestellt. Eine Reihe von Zylindern ist abwechselnd an die zwei Pole für die hochfrequente Wechselspannung u angeschlossen, und die Elektronen bzw. die Ionen, die durch die Zylinder geleitet werden, werden im Raum zwischen zwei Zylindern von der Wechselspannung beschleunigt, wobei U_0 die Anfangsspannung der geladenen Teilchen ist. Durch die Wahl so langer Zylinder, daß ihre Polarität, während die Teilchen mit konstanter Geschwindigkeit durch sie hindurchgehen, wechselt, werden die Teilchen zwischen je zwei Zylindern beschleunigt und erreichen somit eine ständig höhere Geschwindigkeit, d. h. sukzessive die kinetischen Spannungen $U = U_0 + u$, $U_0 + 2u$, $U_0 + 3u$ usw.

Diese bekannte Anordnung hat den Nachteil, daß die Zylinder zufolge der hohen Geschwindigkeiten der geladenen Partikel verhältnismäßig lang werden und die Frequenz der Wechselspannung sehr hoch sein muß, damit die obengenannte Resonanzbedingung erfüllt wird. Wenn man darum hohe kinetische Spannungen erreichen will, wird diese Anordnung sehr hohe Ladeströme (Blindleistung) erfordern und wegen der Verluste entsprechend große Hochfrequenzgeneratoren. Dies schränkt das Anwendungsgebiet auf verhältnismäßig schwere Ionen, z. B. Quecksilberionen, und die Spannungen auf einige wenige MV ein.

Vorliegende Erfindung bezweckt, diesem Nachteil abzuhelfen. Sie betrifft eine Anordnung zur Beschleunigung von elektrisch geladenen Teilchen mit

Hilfe von in der Bewegungsrichtung der Teilchen aufeinanderfolgenden hochfrequenten elektrischen Potentialfeldern, und ist dadurch gekennzeichnet, daß die Elektroden, zwischen denen die Potentialfelder erzeugt werden, hohle Stücke der beiden Leiter einer Hochfrequenzenergieleitung sind, auf der stehende Spannungswellen erzeugt werden, wobei die geladenen Teilchen, nachdem sie ein Potentialfeld durchlaufen haben, sich innerhalb eines der genannten hohlen Stücke bewegen.

In Fig. 2 ist eine solche Anordnung gezeigt. Die beiden Leiter einer Lecherleitung werden von Zylindern a_1, b_2, a_3, b_4, a_5 und den Drahtleiterstücken b_1, a_2, b_3, a_4, b_5, die zu je einem der genannten Zylinder außerhalb des Zylindermantels parallel laufen, gebildet, und die geladenen Partikel durchlaufen nacheinander die Potentialfelder bei I, II, III, IV usw. Im folgenden werden die durch die Knickstellen der Lecherleitung bewirkten Verzerrungen des Feldes als unwesentlich betrachtet, und es wird angenommen, daß die geladenen Teilchen sich im Innern jedes Zylinders mit konstanter Geschwindigkeit bewegen. Die Frequenz für die stehenden Wellen wird so gewählt, daß die Elektronen (Ionen) einen Zylinder gerade während der Dauer einer Periode (oder eines Vielfachen hiervon) durchlaufen. Die Spannung zwischen den Leitern wird deshalb, wie in der Figur gezeigt, jedesmal, wenn die Elektronen ein Potentialfeld passieren, die gleiche sein, und die Teilchen werden deshalb jedesmal mit der vollen Wechselspannung beschleunigt. Da die Geschwindigkeit der Teilchen mit steigender Spannung zunimmt, werden die Zylinder mit fortschreitendem Abstand von der Teilchenquelle immer länger gemacht, und zwar proportional mit

$$v = c\,\frac{\sqrt{U^2 + 2\,U\varepsilon}}{U + \varepsilon} \qquad (1)$$

wobei

$$\varepsilon = \frac{m_0\,c^2}{e} \qquad (2)$$

c = Lichtgeschwindigkeit, v = Geschwindigkeit der Teilchen, m_0 = Ruhemasse der Teilchen, e = Ladung der Teilchen, U = kinetische Spannung der Teilchen.

Die Wellenlängen der stehenden Wellen der Energieleitung sollen folglich auch nacheinander größer gemacht werden. Damit die Elektronen ständig mit der maximalen Wechselspannung beschleunigt werden, müssen die Wellenlänge in Vakuum λ_v und die Länge der stehenden Welle λ_{st} folgende Resonanzbedingungen erfüllen:

$$\frac{p}{4}\lambda_{st} = \frac{v}{c}\cdot\lambda_v\cdot\frac{q}{2} = l \qquad (3)$$

wobei l der Abstand zwischen zwei aufeinanderfolgenden Potentialfeldern ist, p und q zwei ganze Zahlen sind, von denen p angibt, wieviel Viertel der stehenden Welle man zwischen den Potentialfeldern hat, und q wie oft die Wechselspannung ihr Vorzeichen wechselt, während die Elektronen von einem Potentialfeld zum anderen gelangen. Dabei darf q nur dann eine ungerade Zahl sein, wenn p durch 4 teilbar ist, da andernfalls abwechselnde Beschleunigungen und Verzögerungen erhalten würden. Man wird p und q so wählen, daß man günstige Werte für λ_v und l erhält, d. h. λ_v nicht zu klein, damit die Frequenz nicht zu groß wird, und l nicht zu groß, damit die Anordnung nicht zu lang wird. Dabei ist zu beachten, daß λ_{st} höchstens so groß wie λ_v werden kann. Will man z. B. Elektronen, deren Geschwindigkeit ungefähr gleich der Lichtgeschwindigkeit ist, beschleunigen, so kann man $p = 6$ und $q = 2$ wählen, und man erhält dann

$$\lambda_{st} = \frac{2}{3}\lambda_v\frac{v}{c} = \frac{2}{3}l \qquad (4)$$

Wenn die Geschwindigkeit der Teilchen stets kleiner ist als die halbe Lichtgeschwindigkeit, kann man $p = q = 2$ wählen und erhält

$$\lambda_{st} = 2\,\lambda_v\frac{v}{c} = 2\,l \qquad (5)$$

Dies entspricht der in Fig. 2 gezeigten Anordnung. Die Wellenlänge für die stehenden Wellen kann in bekannter Weise durch Anbringen von Materialien zwischen den Leitern, deren Dielektrizitätskonstante und/oder Permeabilität größer als 1 ist, der wachsenden Geschwindigkeit angepaßt werden. Um besonders kurze stehende Wellen zu erreichen, ohne die Frequenz zu sehr zu erhöhen, kann man Materialien mit hoher Dielektrizitätskonstante, wie z. B. Polystyrol, Polyäthylen, vorzugsweise in der Nähe der Spannungsmaxima (Spannungsbäuche) anbringen, während Materialien mit hoher Permeabilität vorzugsweise in der Nähe der Knotenpunkte der Spannung (Spannungsknotenpunkte) angebracht werden sollen. Diese Materialien sollen zweckmäßig möglichst kleine Wechselstromverluste haben. Dasselbe gilt auch für die Energieleitung überhaupt, die unter anderem mit kleinen Strahlungsverlusten gebaut werden soll. Man kann die Länge der stehenden Welle auch mit Hilfe von parallel geschalteten Kapazitäten bzw. seriegeschalteten Induktivitäten verändern. Um Absorptionsverluste zu verhindern, wird man die Elektronen (Ionen) in hohem Vakuum beschleunigen.

Die in Fig. 2 gezeigte Anordnung ist zur Beschleunigung von relativ langsamen Partikeln (Ionen unter 10 MV) besonders geeignet, da man bei großen Partikelgeschwindigkeiten lange Zylinder oder sehr hohe Frequenzen erhält.

Fig. 3 zeigt eine Anordnung, die sich für die Beschleunigung sehr schneller Partikel mit ungefähr Lichtgeschwindigkeit eignet, $\left(\frac{v}{c} \approx 1\right)$. In diesem Fall sind die Beschleunigungszylinder so kurz gewählt, daß die Wechselspannung in der Zeit, die die Elektronen brauchen, um sich durch die Zylinder hindurch zu bewegen, sich nicht viel verändert, wobei die Elektronen allerdings nicht mit der maximalen Wechselspannung beschleunigt werden. Macht man z. B. die Zylinder 20 cm lang und wählt $\lambda_v = 6$ m, d. h. 30mal so lang ($q = 1/15$), so kann man bei $\lambda_{st} = 40$ cm ($p = 2$) fünf Beschleunigungsröhren anwenden, ohne daß die Phase der stehenden Welle insgesamt sich um mehr als 360°/6 = 60° ändert, d. h. daß die Beschleunigungsspannungen nicht weniger als cos (±30°) = 86,7% der Maximalspannung betragen.

Wenn die Elektronen die fünf Beschleunigungsröhren durchlaufen haben, können sie noch weiter mit einer Wechselspannung, die um 60° in bezug auf die erste phasenverschoben ist, beschleunigt werden, und auf diese Weise kann man mit Hilfe eines Dreiphasenhochfrequenzsystems u_R, u_S, u_T die Elektronen in ununterbrochener Reihe beschleunigen. Nach einem aus fünf Röhren bestehenden Abschnitt, in dem sechs Beschleunigungen erfolgen, wird die Spannung u_R durch die Leitung L weitergeführt, auf der sich ebenfalls eine stehende Welle ausbildet. Die Phase am Ende dieser Leitung, die zu einem weiteren Beschleunigungsabschnitt führt, ist gegenüber dem Anfang um 180° gedreht. Wenn man den Mittelwert der Beschleunigungsspannungen mit u bezeichnet, so ist die kinetische Spannung am Ende des in Fig. 3 dargestellten Teiles der Anordnung $U_0 + 19\,u$. Um eine höchstmögliche Spannung bei einer bestimmten gesamten Röhrenlänge zu erreichen, sollen die Beschleunigungsröhren kurz gemacht werden. Wenn die Frequenz der Wechselspannung nicht zu hoch werden soll, soll darum das Verhältnis $\frac{\lambda_v}{\lambda_{st}}$ hoch gemacht werden, d. h. man soll Materialien mit sehr hoher Dielektrizitätskonstante und Permeabilität verwenden. Das Verhältnis kann auf bis über 15 ($\varepsilon\mu < 225$) gebracht werden und möglicherweise bis auf etwa 35 bis 40, unter Verwendung rutilhaltiger Dielektrika, z. B. Bariumtitanat usw. Die Beschleunigungsröhren können darum bei einer Frequenz von 50 MHz 20 cm lang gemacht werden $\left(\frac{\lambda_v}{\lambda_{st}} = 15\right)$, und es sollte möglich sein, eine Beschleunigung von 1 bis 2 MV pro Meter Apparatelänge zu erreichen.

Wenn die Geschwindigkeit der Teilchen wesentlich kleiner ist als die Lichtgeschwindigkeit, kann die in Fig. 3 gezeigte Anordnung ebenfalls angewendet werden, aber man wird, mit unveränderten Werten für die beiden Wellenlängen, eine entsprechend kleinere Anzahl Zylinder pro Phase verwenden müssen. Wenn $v = 0{,}2\,c$ ist, erhält man somit nur eine Beschleunigungsröhre pro Phase, wobei $q = {}^1/_2$ und die Beschleunigungsspannung 86,7% der Maximalspannung ist. Dabei erfolgt am Ende einer Röhre wie am Beginn der nächsten eine Beschleunigung mit dieser Spannung. Wenn die Geschwindigkeit der Teilchen noch kleiner ist, hat das zur Folge, daß die Beschleunigungsspannung weiter sinkt. Wenn $v = 0{,}133\,c$ und $\frac{\lambda_v}{\lambda_{st}} = 15$ (somit $q = {}^1/_3$) ist, erhält man mit einer Beschleunigungsröhre pro Phase und einem Zweiphasensystem eine Beschleunigungsspannung, die $\cos(\pm 45°) = 70{,}7\%$ der maximalen Wechselspannung beträgt. Hieraus ersieht man, daß das Anwendungsgebiet für die in Fig. 3 gezeigte Anordnung sich an das Gebiet anschließt, wo es vorteilhaft sein wird, die in Fig. 2 gezeigte Anordnung zu verwenden.

Wenn man eine große Apparatelänge zu vermeiden wünscht (100 MV-Deuteronen würden bei einer Beschleunigungsspannung von 200 kV bei 50 MHz [$\lambda_v = 6$ m] und $\frac{\lambda_v}{\lambda_{st}} = 15$ eine Apparatelänge von 110 bis 120 m erfordern), kann man mit magnetischen Steuerfeldern den Teilchen eine Kreisbewegung erteilen und sie dazu bringen, viele Male eine oder mehrere Beschleunigungsröhren zu durchlaufen.

Da die Umlaufzahl der Teilchen sehr groß gemacht werden kann, hat das auch den Vorteil zur Folge, daß die Beschleunigungsspannung bedeutend kleiner als bei der geradlinigen Anordnung gehalten werden kann, z. B. etwa 10 kV.

Fig. 4 zeigt eine Anordnung, die insbesondere für die Beschleunigung von Elektronen geeignet ist. Es sind in diesem Fall zwei Energieleitungen vorhanden, die durch die Leiter 1, 2 bzw. 5, 6, 7 und 4, 3 bzw. 6, 8, 9 gebildet werden. λ_{st} ist gleich ${}^2/_3$ des Umfanges $2\pi R$ gewählt worden ($p = 6$). Man erhält dann zwei Spannungsknotenpunkte bei 10 und 10ª, wo die Leiter kurzgeschlossen sind, während die Punkte 11 und 12 sich in der Nähe eines Spannungsbauches befinden. Auf der Strecke 10, 16, 10ª wird die Hochfrequenzspannung Null sein, und man kann deswegen die kreisförmigen Leiter alle beispielsweise bei 16 unterbrechen. Man vermeidet damit, daß das variierende Magnetfeld 15 in den Kreisleitern Ströme induziert. Man kann übrigens auch die beiden Energieleitungen in den Knotenpunkten 10 und 10ª abschalten und das ganze dazwischenliegende Stück der Beschleunigungsröhre, die von der Energieleitung isoliert sein kann, an Erdpotential legen. Aus diesem Grunde braucht die Länge des hohlen, auf Erdpotential sich befindenden Leiterstückes 2 bzw. 3 auch nicht unbedingt ein ganzzahliges Vielfaches p von $\frac{\lambda_{st}}{4}$ zu sein, was dagegen nötig ist, wenn man die Elektronen in mehreren im Kreise angeordneten Potentialfeldern beschleunigen will, statt in einem einzigen Feld zwischen den Punkten 11 und 12.

Es ist auch nicht notwendig, wie in Fig. 4 gezeigt, zwei Energieleitungen zu verwenden, die um 180° phasenverschoben sind; man kann auch, wie in Fig. 5 gezeigt, eine einfache Energieleitung verwenden, bei welcher ${}^1/_4$ der Wellenlänge der stehenden Welle dem Teil 19, 20 der Beschleunigungsröhre 22, 23 entspricht, aber der übrige Teil der Beschleunigungsröhre vom Knotenpunkt 18 der Welle bis zum Potentialfeld 17 mit Erde verbunden und elektrisch von der Wechselspannung getrennt ist. Mit 25 ist die Elektronenspritze bezeichnet, die sich im Rohr 26 befindet und die Elektronen bei 27 in die Kreisröhre 22, 23 einspritzt, d. h. an einer Stelle, wo die Hochfrequenzspannung Null ist.

Fig. 4 zeigt, daß die Energieleitung über einen Transformator 13 an den Hochfrequenzgenerator 14 geschaltet ist; dies ist aber nicht wesentlich. Die Leiter 2 und 3 bilden eine Kreisröhre (Toroidröhre), die zwischen den Elektroden 11 und 12 offen ist, und in dieser Röhre, die um die Ausbildung von Wirbelströme durch das magnetische Steuerfeld zu verhindern, der Länge nach aufgeschlitzt bzw. von parallelen isolierten Leitern gebildet ist, zirkulieren die Elektronen. Um die Zentrifugalkraft aufzuheben, ist ein magnetisches Feld senkrecht zur Papierebene angebracht. Dieses erzeugt Lorenzkräfte auf die zirkulierenden Elektronen. Man erreicht eine sowohl radial wie auch senkrecht dazu gerichtete Stabilisierung der Elektronenbahnen dadurch, daß man das

Magnetfeld in der Richtung des Radius R abnehmen läßt, aber schwächer als proportional zu R_r^{-1}. Die Elektronen werden durch die Stabilisierungskräfte nach der kreisförmigen Röhrenachse hingedrängt.

Wenn die Geschwindigkeit des Elektrons zunimmt, nimmt seine Masse auch zu, und das Magnetfeld muß zunehmen, um die erhöhte Zentrifugalkraft aufzuheben. Man kann zu diesem Zweck ein magnetisches Wechselfeld mit verhältnismäßig niedriger Frequenz $\left(\text{z. B. } \frac{\omega}{2\pi} = 50\ \text{Hz}\right)$ verwenden, um die Elektronen zu steuern. Damit die Elektronen immer derselben Kreisbahn mit dem Radius R folgen, muß gemäß der bekannten Theorie der Strahlentransformatoren der Zusammenhang zwischen der Feldstärke B des Steuerfeldes und der Elektronenspannung U der folgende sein:

$$B = \frac{1}{cR} \sqrt{U^2 + 2U\varepsilon} \sim \frac{U}{cR} \ (\text{wenn } U \gg \varepsilon) \quad (6)$$

Das Steuerfeld muß deshalb ungefähr proportional mit der Elektronenspannung zunehmen. Wenn die Umlaufzeit Δt der Elektronen und der Radius R als konstant angenommen werden (was natürlich nur für einen kurzen Abschnitt der Beschleunigungsperiode zulässig ist, und nur weil die Geschwindigkeit langsamer wächst als U), ist die Zunahme ΔU der Elektronenspannung in der Zeit Δt gleich der beschleunigenden Hochfrequenzspannung u. Daher ist $u = \Delta U = \frac{dU}{dt} \Delta t$, d. h. proportional $\frac{dU}{dt}$ und damit proportional $\frac{dB}{dt}$. Die Amplitude der Hochfrequenzspannung muß also proportional mit $\cos \omega t$ abnehmen, d. h. entsprechend mit der Niederfrequenz ω moduliert sein, wenn das Steuerfeld proportional mit $\sin \omega t$ zunimmt. Bei konstanter Hochfrequenzspannung muß das Steuerfeld dagegen proportional mit der Zeit zunehmen. Wenn das Magnetfeld während des kurzen Zeitabschnittes langsamer zunimmt, als dem Proportionalitätsfaktor entspricht, so werden die Elektronen bei konstanter Hochfrequenzspannung eine zu hohe kinetische Spannung erhalten, und der Radius der Elektronenbahn wird zunehmen. Da die Geschwindigkeit weniger zunimmt als der Umfang des Kreises, werden die Elektronen das Potentialfeld etwas nach dem Maximum der Hochfrequenzspannung erreichen. Die Phasenverspätung wird sich bei jedem Umlauf vergrößern und bewirken, daß die Beschleunigungsspannung abnimmt. Das wird so lange vor sich gehen, bis die Elektronenbahn sich in dem betrachteten kurzen Abschnitt der Beschleunigungsperiode genau auf die richtige Beschleunigungsspannung eingespielt hat, die dem Werte von $\frac{dB}{dt}$ während dieses Zeitabschnittes entspricht. Man erhält somit jeweils einen stabilen Gleichgewichtsradius für die Elektronenbahn. Analoges gilt, wenn die Amplitude einer Hochfrequenzspannung, die mit $\cos(\omega t)$ moduliert ist, beim Beginn der Beschleunigungsperiode genügend groß ist.

Wenn die Elektronen in den Beschleuniger mit einer Anfangsspannung von beispielsweise 460 kV eintreten, werden sie etwa 85% der Lichtgeschwindigkeit besitzen. Die Geschwindigkeit wird nachträglich praktisch bis zur Lichtgeschwindigkeit (bei 10 MV ist die Differenz nur etwa 0,23%), zunehmen. Damit die Umlaufzeit auf alle Fälle eine Hochfrequenzperiode sei, muß man entweder die Radien der Elektronenbahnen oder auch die Frequenz während der Beschleunigungsperiode ändern. Wählt man das erstere, so muß dem Steuerfeld und der Beschleunigungsröhre eine so große Ausdehnung in radialer Richtung gegeben werden, daß man die nötige Vergrößerung der Elektronenbahn, z. B. von 0,85 bis zu 1, zulassen kann. Da es konstruktiv günstig wäre, ein möglichst schmales Magnetfeld zu erhalten, sollte die Anfangsspannung der Elektronen so hoch wie möglich sein. Es wird daher konstruktiv günstig sein, die Elektronenspritze außerhalb der Beschleunigungsröhre anzuordnen und die Elektronen auch in der Elektronenspritze mit hochfrequenten Feldern von derselben Frequenz wie in der Beschleunigungsröhre zu beschleunigen. Die Elektronen können dann mit etwas zu großer Spannung eingeführt werden, so daß sie die Innenwand der Beschleunigungsröhre streifen müssen. Wenn man hier einige kurze und dünne Bremsfolien anbringt, können die Elektronen so viel abgebremst werden, daß sie gerade die Spannung erhalten, welche der innersten Elektronenbahn entspricht. Mit wachsender Spannung wächst der Radius der Bahn, und die Elektronen werden nicht mehr durch die Bremsfolien gestört. Da man die Elektronen nur während eines kleinen Teiles der Hochfrequenzperiode einführen kann, sollten die Elektronen nur während eines gewissen Teiles der Periode emittiert werden. Die Elektronen können vorzugsweise in den Knotenpunkten der Beschleunigungsspannung eingeführt werden bzw. dort, wo die Energieleitung nicht vorhanden ist.

Die umlaufende azimutal abgegrenzte Elektronenladung wird eine schwache Wechselspannung induzieren, wenn sie einen Kondensator, der im Beschleunigungsrohr am Knotenpunkt der Spannung angebracht ist, passiert. Diese Wechselspannung kann verstärkt und für die Steuerung des Hochfrequenzgenerators gebraucht werden. Dies ist besonders wichtig, wenn man die Frequenz des Generators während der Beschleunigungsperiode ändern will, um die Resonanzbedingung $\frac{v}{c} \cdot \frac{q}{2} \lambda_r = 2R\pi$ (q = gerade ganze Zahl) zu erfüllen. In diesem Fall sollen auch die Konstanten der Energieleitung verändert werden, damit $\frac{\lambda_{el}}{4}$ dem Abstande 11 bis 10 gleich bleibt. Dies kann z. B. durch die Benutzung von Induktivitäten mit Eisenkernen oder ferromagnetischen Materialien zwischen den Leitern, deren Permeabilität mit Hilfe einer variablen Gleichstromvormagnetisierung verändert wird, geschehen.

Es wird wesentliche konstruktive Vorteile bieten, den Steuerfluß durch die Flächen innerhalb der Elektronenbahn zu schließen und die Magnetisierungswicklung um den Eisenkern, der dabei gebildet wird, anzubringen. Der Kernfluß ist also entgegengesetzt gerichtet wie der Steuerfluß, d. h. umgekehrt wie bei einem Strahlentransformator.

Das wird jedoch zur Folge haben, daß der variierende Kernfluß ein elektrisches Wirbelfeld erzeugen wird, das die Bewegung der Elektronen abzubremsen sucht. Da der Kernfluß bei Annahme konstanter Induktion im Eisenkern nur einen Teil, z. B. die Hälfte der Kreisfläche ausfüllen wird, (wenn die Breite des Steuerfeldes $a\,R_0$ ist, wird die Fläche des Kernflusses etwa $2\,a$ mal so groß wie die Kreisfläche $\pi\,R_0^2$), und da die Induktion im Kern nur $^1/_2$ so groß ist wie im Kern eines Strahlentransformators, wird die induzierte Gegenspannung nur z. B. $^1/_4$ der kinetischen Spannung sein, die dem Steuerwechselfeld entspricht. Die Beschleunigerspannung muß in diesem Fall entsprechend, d. h. $25\,^0/_0$ größer als ohne bremsendes Wirbelfeld gemacht werden.

Wenn die Elektronen die gewünschte Geschwindigkeit erreicht haben, können sie aus dem Beschleunigungsprozeß durch plötzliches Einschalten eines dem Steuerfeld überlagerten magnetischen Zusatzfeldes (positiv oder negativ) herausgebracht werden. Auf gleiche Weise wie in einem Strahlentransformator können die Elektronen in einer Antikathode zur Erzeugung von γ-Strahlen abgebremst werden oder auch mit Hilfe von besonderen Ablenkungselektroden aus der Beschleunigungsröhre herausgeführt werden.

Um eine günstige Einführung der Elektronen zu erreichen, kann es auch vorteilhaft sein, ein magnetisches Zusatzfeld zu verwenden, welches plötzlich eingeschaltet wird und die Elektronen von den früher genannten Bremsfolien oder von anderen reellen oder fiktiven Kathoden, welche den Umlauf behindern können, entfernt.

Mit Bezug auf Fig. 5 soll noch erwähnt werden, daß man beispielsweise bei einem Elektronenbahnradius von $R_0 =$ etwa 1,5 m und einer maximalen Steuerfeldinduktion von etwa 11 000 Gauß eine maximale kinetische Spannung von etwa 500 MV für die Elektronen erreichen könnte. Die Beschleunigerfrequenz sollte etwa 32 MHz (Wellenlänge $\lambda_\nu = 2\,\pi\,R_0 = 9{,}4$ m) sein, wobei eine Frequenz von 50 Hz für das Steuerfeld (Beschleunigungszeit $=$ max. $^1/_{200}$ Sek.) eine maximale Beschleunigungsspannung von etwa 10 kV erforderlich machen würde. Diese Zahl zeigt, daß man mit Hilfe der beschriebenen Anordnung mit technisch angemessenen Mitteln eine höhere Spannung erzeugen kann, als mit irgendeinem anderen bis jetzt bekannten Apparat, Strahlentransformatoren inbegriffen.

Wenn man Ionen nach dem in Fig. 4 benutzten Prinzip beschleunigen will, wird das Geschwindigkeitsintervall für die Teilchen so groß werden, daß man die Resonanzbedingung mit einer konstanten Beschleunigungsfrequenz durch Verändern der Bahnradien nicht erfüllen kann. Es wird auch große Schwierigkeiten bieten, die Beschleunigungsfrequenz und die Konstanten der Energieleitung innerhalb des nötigen Bereiches zu verändern. Man kann in diesem Fall, wo $\frac{v}{c}$ (in Gleichung 3) klein ist, einen entsprechend großen Wert für q wählen und somit die Umlauffrequenz der Ionen mit einem Bruchteil der Beschleunigungsfrequenz synchronisieren. Wenn die Geschwindigkeit der Ionen zunimmt, wird, wie früher erwähnt, der Bahnradius zunehmen und die Ionen werden automatisch die Resonanzbedingung erfüllen und an dieser untersynchronen Bewegung festhalten. Wenn die Feldstärke B_t des magnetischen Steuerfeldes zur Zeit t als Funktion des Radius R nach Gleichung

$$B = B_0\left(\frac{R}{R_0}\right)^{-K} \qquad (7)$$

wo $0 < K < 1$, abnimmt, werden die Spannung U der Ionen, der Bahnradius r, die Geschwindigkeit v und die Umlauffrequenz ν durch folgende Gleichungen (8) bis (11) bestimmt, die für das nicht relativistische Gebiet ($U \ll \varepsilon$) gelten, und sich leicht aus der Gleichung (6) ableiten lassen:

$$U = \sqrt{\varepsilon^2 + c^2\,B_t^2\,R^2} - \varepsilon \sim \frac{B_t^2\,c^2\,R^2}{2\,\varepsilon} = \frac{c^2\,B_{0t}^2\,R_0^{2K}}{2\,\varepsilon}\,R^{2(1-K)} \qquad (8)$$

$$R = \left[\frac{2\,U\,\varepsilon}{c^2\,B_{0t}^2\,R_0^{2K}}\right]^{\frac{1}{2(1-K)}} \qquad (9)$$

$$v = \frac{c^2\,B_{0t}}{\varepsilon}\,R_0^K\,R^{(1-K)} \qquad (10)$$

$$\nu = \frac{c^2\,B_{0t}}{2\,\pi\,\varepsilon}\,R^K\,R^{-K} \qquad (11)$$

Für Protonen ist $\varepsilon = 930$ MV und für Deuteronen 1860 MV.

Wenn die Umlauffrequenz konstant gleich

$$\nu_0 = \frac{c^2\,B_0}{2\,\pi\,\varepsilon} \qquad (12)$$

sein soll, gibt dies die folgenden Gleichungen zwischen Magnetfeld B_{0t}, das sich nur mit der Zeit verändert, und dem Bahnradius R bzw. der Spannung U

$$R = R_0\left(\frac{B_{0t}}{B_0}\right)^{1\,K} \qquad (13)$$

$$U = \frac{c^2\,B_0^2\,R_0^2}{2\,\varepsilon}\left(\frac{B_{0t}}{B_0}\right)^{2\,K} \qquad (14)$$

Wenn das magnetische Steuerfeld sich während eines Teilchenumlaufes $\Delta t = \frac{2\,\pi\,R}{v} = \frac{1}{\nu_0}$ von B_0 auf $B_{0t} = B_0 + \frac{d\,B_0}{dt}\,\Delta t$ erhöht, so ergibt sich mit Gleichung (14) für die notwendige Beschleunigungsspannung pro Umlauf:

$$u = U_0 - U_{\Delta t} = \frac{c^2\,B_0^2\,R_0^2}{2}\left[\left(1 + \frac{1}{B_0}\,\frac{d\,B_0}{dt}\,\Delta t\right)^{2\,K}\right] = \frac{2\,R_0^2}{K}\,\frac{d\,B_0}{dt} \qquad (15)$$

Wenn der Bahnradius als Folge der Spannungserhöhung sich dem größten Wert, der konstruktiv möglich ist, nähert, sollen die Ionen mit Mitteln, die später beschrieben werden, aus dem Synchronismus herausgebracht werden. Bei der nun folgenden asynchronen Bewegung werden die Ionen im Mittel nicht beschleunigt, und als Folge der Erhöhung des Steuerfeldes wird der Bahnradius darum abnehmen. Dies setzt sich so lange fort, bis die Ionen, deren Umlauffrequenz wegen der Abnahme der Bahnradien ständig zunimmt, eine höhere untersynchrone Frequenz (wobei $q_2 < q_1$) erreichen und sich synchronisieren, so daß sie wieder beschleunigt werden können.

Auf diese Weise wird sich das Spiel fortsetzen, bis die Ionen ihre maximale Geschwindigkeit erreicht haben. Die Beschleunigungsfrequenz soll so hoch gewählt werden, daß ein relativer Unterschied zwischen den beiden letzten untersynchronen Frequenzen $\left(\text{somit } \frac{q_{n-1} - q_n}{q_n}\right)$ kleiner wird als der Unterschied zwischen dem größten und kleinsten Bahnradius. Wenn man Deuteronen bis 100 MV beschleunigen will, so ist die maximale Geschwindigkeit, die man aus der Gleichung (1) errechnen kann (ε für Deuteronen = 1860 MV) etwa 0,315 c. Wenn das magnetische Steuerfeld für den größten Bahnradius maximal etwa 11 000 Gauß ist, wird der größte Bahnradius etwa 1,9 m werden. Wenn man bei einer Beschleunigungsfrequenz von 39,5 MHz, d. h. = 7,6 m, $\lambda_{st} = \lambda_v$ (d. h. $\varepsilon\mu = 1$) macht, wird bei $p = 6$ entsprechend Fig. 4 der Abstand zwischen zwei Spannungsmaxima 11,4 m werden, die maximale Spannung wird somit ziemlich genau bei den Beschleunigungselektroden der Beschleunigungsröhre liegen. Der kleinste mögliche Wert von q ist 10, der nächst größere, bei dem die Resonanzbedingung wieder erfüllt ist, ist 12. Der kleinste Bahnradius wird somit (12-10)/10 = 20% kleiner als der größte, d. h. etwa 1,58 m werden. Wenn der Frequenz des Steuerfeldes 50 Hz und $K = 2/3$ beträgt, wird die maximale Synchronspannung, wie man aus der Gleichung (15) errechnen kann, $u = 11{,}8$ kV (bei einer Maximalinduktion von 11000 Gauß und $f = 50$ Hz ergibt sich im Anfang $\frac{dB_0}{dt}$ zu $\omega B_m = 314 \cdot 11000 \cdot 10^{-8} \frac{\text{V}}{\text{cm}^2}$ $= 0{,}0345 \frac{\text{V}}{\text{cm}^2}$).

Um die Ionen aus dem Synchronismus herauszubringen, wenn der Frequenzwechsel stattfinden soll, kann auf mehrere Arten vorgegangen werden. Man kann zu bestimmten Zeiten auf bekannte Weise die Beschleunigungsfrequenz etwas verändern. Man kann auch auf bekannte Weise die Beschleunigungsspannung ändern und deren Wert unter den früher berechneten (Gleichung 15) Synchronwert sinken lassen. Die Modulierungsfrequenz müßte in diesem Fall ungefähr nach einer e^{-t}-Funktion abnehmen, und die Zeitintervalle, in denen die Teilchen sich synchron bzw. asynchron bewegen (die angenähert gleich groß sein werden), müßten somit so abgepaßt sein, daß die Bahnradien nicht die zulässigen äußeren und inneren Grenzen überschreiten. Man kann den Synchronismus auch dadurch aufheben, daß man die notwendige Synchronspannung u über die vorhandene Beschleunigungsspannung erhöht, die man als proportional mit $\frac{dB}{dt}$, d. h. proportional cos ωt sich ändernd annimmt. Dies kann z. B. dadurch geschehen, daß man das Steuerfeld ändert und somit $\frac{dB}{dt}$ periodisch erhöht, doch ohne die Beschleunigungsspannung entsprechend zu ändern. Eine einfachere Lösung wird sein, die Form der Pole des Steuerfeldes derart zu verändern, daß das Steuerfeld weniger stark abnimmt, d. h. K wird kleiner, wenn man den größten Bahnradius erreicht. Durch Verkleinerung von K von z. B. 2/3 auf 1/3 (in Gleichung 15) wird die Synchronspannung auf den doppelten Wert steigen, was genügend sein wird, um den Synchronismus aufzuheben. Dasselbe kann auch dadurch erreicht werden, daß man den Beschleunigungselektroden eine solche Form gibt, daß die Richtung des Potentialfeldes sich ändert und die longitudinale Feldkomponente kleiner wird beim größten Bahnradius. Auf diese Weise kann die Beschleunigungsspannung kleiner gemacht und unter den Synchronwert gebracht werden, wodurch der Synchronismus aufgehoben wird. Damit diese geometrisch bedingten Lösungen, die auch gleichzeitig benutzt werden können, angewendet werden können, darf die Beschleunigungsspannung normalerweise die Synchronspannung nicht um mehr als z. B. 30% überschreiten und muß daher, wie früher erwähnt, proportional $\frac{dB}{dt}$ geändert werden.

Die hier angegebenen Methoden können selbstverständlich auch für die Beschleunigung von Elektronen benutzt werden, wenn die Anfangsgeschwindigkeit so klein ist, daß die Geschwindigkeitszunahme die Ausdehnung des Steuerfeldes in radialer Richtung überschreitet.

Eine Anordnung der beschriebenen Art für 100 MV-Deuteronen mit einem größten Bahnradius von etwa 1,9 m wird weniger als 130 t wiegen und würde sich somit bedeutend günstiger stellen als ein entsprechendes Zyklotron mit einem Gewicht von über 5000 t. Es zeigt sich somit, daß man mit der beschriebenen Einrichtung mit geringerem Aufwand auch Ionen auf wesentlich höhere Spannungen als mit bis jetzt bekannten Apparaten beschleunigen kann.

PATENTANSPRÜCHE:

1. Anordnung zur Beschleunigung von elektrisch geladenen Teilchen mit Hilfe von in der Bewegungsrichtung der Teilchen aufeinanderfolgenden hochfrequenten elektrischen Potentialfeldern, dadurch gekennzeichnet, daß die Elektroden, zwischen denen die Potentialfelder erzeugt werden, hohle Stücke der beiden Leiter einer Hochfrequenzenergieleitung sind, auf der stehende Spannungswellen erzeugt werden, wobei die geladenen Teilchen, nachdem sie ein Potentialfeld durchlaufen haben, sich innerhalb eines der genannten hohlen Stücke bewegen.

2. Anordnung nach Anspruch 1, dadurch gekennzeichnet, daß je zwei aufeinanderfolgende Potentialfelder einen Abstand voneinander besitzen, der den vierten Teil oder ein Vielfaches

davon der Wellenlänge der zwischen diesen Feldern stehenden Spannungswelle beträgt.

3. Anordnung nach Anspruch 2, dadurch gekennzeichnet, daß die Geschwindigkeit der geladenen Teilchen und die Abstände zwischen den Potentialfeldern so einander angepaßt sind, daß diese Abstände mit einem Zeitunterschied durchlaufen werden, der gleich der Hälfte der Hochfrequenzperiode oder einem Vielfachen davon ist.

4. Anordnung nach Anspruch 2, dadurch gekennzeichnet, daß die Energieleitung mit parallel geschalteten Kapazitäten und seriengeschalteten Induktivitäten versehen ist, um die jeweilige Wellenlänge der stehenden Wellen und damit die Abstände der Potentialfelder der Teilchengeschwindigkeit anzupassen.

5. Anordnung nach Anspruch 1, dadurch gekennzeichnet, daß der Raum zwischen den Leitern mindestens teilweise durch Materialien, deren Dielektrizitätskonstante und Permeabilität größer als 1 ist, ausgefüllt ist, wobei diese Materialien kleine Hochfrequenzverluste haben, um die jeweilige Wellenlänge der stehenden Wellen und damit die Abstände der Potentialfelder der Teilchengeschwindigkeit anzupassen.

6. Anordnung nach Anspruch 5, dadurch gekennzeichnet, daß die Materialien hoher Permeabilität hauptsächlich an den Spannungsknotenpunkten, die Materialien hoher Dielektrizitätskonstante dagegen hauptsächlich an den Spannungsmaxima angebracht sind.

7. Anordnung nach Anspruch 6, dadurch gekennzeichnet, daß der Abstand zwischen den Potentialfeldern die Hälfte der Länge der stehenden Welle beträgt und daß die Wellenlänge der Hochfrequenzspannung in Vakuum im Verhältnis hierzu so groß ist, daß die Hochfrequenzspannung sich in der Zeit, welche die geladenen Teilchen brauchen, um einen oder mehrere Abstände der Potentialfelder zu durchlaufen, nur wenig ändert.

8. Anordnung nach Anspruch 7, dadurch gekennzeichnet, daß die geladenen Teilchen nach ihrer Beschleunigung durch eine Hochfrequenzspannung in zwei oder mehreren Potentialfeldern auf gleiche Weise in Feldern beschleunigt werden, die von im Verhältnis zu der ersten Wechselspannung phasenverschobenen Hochfrequenzspannungen erzeugt sind, indem diese Spannungen ein symmetrisches Mehrphasensystem bilden, wobei die geladenen Teilchen dann beschleunigt werden, wenn die Felder nicht stark von ihrem Maximalwert abweichen.

9. Anordnung nach Anspruch 1, dadurch gekennzeichnet, daß die genannten hohlen Leiterstücke einen Teil einer in sich geschlossenen Beschleunigungsröhre bilden, in der hohes Vakuum herrscht und durch welche die geladenen Teilchen mehrmals hindurchgeführt werden.

10. Anordnung nach Anspruch 9, dadurch gekennzeichnet, daß die Beschleunigungsröhre kreisförmig ist, wobei die geladenen Teilchen mit Hilfe eines zeitlich veränderlichen magnetischen Steuerfeldes mehrmals durch dieselbe hindurchgeführt werden.

11. Anordnung nach Anspruch 10, dadurch gekennzeichnet, daß die Energieleitung kurzgeschlossen ist in einem längs der Beschleunigungsröhre gemessenen Abstand vom beschleunigenden Potentialfeld, der $^1/_4$ der Wellenlänge der stehenden Wellen beträgt, so daß der übrige Teil der Beschleunigungsröhre von der Kurzschlußstelle bis zum Potentialfeld nicht von der Hochfrequenzspannung beeinflußt wird.

12. Anordnung nach Anspruch 10, dadurch gekennzeichnet, daß zwei Energieleitungen, deren Wechselspannungen um 180° zueinander phasenverschoben sind, vorgesehen sind, wobei jede der Energieleitungen von zwei Teilen der Beschleunigungsröhre gebildet wird, die vom Potentialfeld getrennt sind, und in einem längs der Beschleunigungsröhre gemessenen Abstand vom Potentialfeld kurzgeschlossen ist, der $^1/_4$ der Länge der stehenden Wellen beträgt, während der restliche Teil der Beschleunigungsröhre zwischen den zwei Knotenpunkten nicht von den Hochfrequenzspannungen beeinflußt wird.

13. Anordnung nach Anspruch 10, dadurch gekennzeichnet, daß das genannte hohle Leiterstück der Länge nach an mehreren Stellen aufgeschlitzt ist.

14. Anordnung nach Anspruch 10, dadurch gekennzeichnet, daß das genannte hohle Leiterstück durch mehrere parallele, voneinander isolierte leitende Teile gebildet ist.

15. Anordnung nach Anspruch 10, dadurch gekennzeichnet, daß das magnetische Steuerfeld in radialer Richtung abnimmt, jedoch weniger stark als proportional zu R^{-1}, wobei R der Abstand von der Zentralachse ist.

16. Anordnung nach Anspruch 10, dadurch gekennzeichnet, daß das magnetische Steuerfeld derart verteilt und die Beschleunigungsröhre in radialer Richtung derart bemessen ist, daß der Radius der Teilchenbahnen im gleichen Verhältnis wie die Teilchengeschwindigkeit mit steigender Spannung wächst, und somit die Zeit für einen Umlauf des Teilchens immer konstant ist.

17. Anordnung nach Anspruch 16, dadurch gekennzeichnet, daß die Teilchen in den Beschleunigungsprozeß mit so hoher Anfangsspannung eingeleitet werden, daß die Geschwindigkeitszunahme während des Beschleunigungsprozesses nicht größer als 25% ist.

18. Anordnung nach Anspruch 10, dadurch gekennzeichnet, daß das magnetische Steuerfeld mit kleinerer Frequenz als 1000 Hz verändert wird und daß $^1/_4$ jeder Periode zur Beschleunigung der Teilchen benutzt wird.

19. Anordnung nach Anspruch 10, dadurch gekennzeichnet, daß die Amplitude der Hochfrequenzspannung während der Beschleunigungszeit proportional mit $\frac{dB}{dt}$ variiert, wobei B die Feldstärke des magnetischen Steuerfeldes ist.

20. Anordnung nach Anspruch 10, dadurch gekennzeichnet, daß die Amplitude der Hochfrequenzspannung etwas größer ist als die Spannungszunahme, die der Zunahme des magnetischen Steuerfeldes während eines Umlaufes entspricht, und daß die Elektronen derart in den Beschleunigungsprozeß eingeführt werden, daß sie das Potentialfeld etwas später als beim zeitlichen Höchstwert passieren.

21. Anordnung nach Anspruch 10, dadurch gekennzeichnet, daß der Magnetfluß des Steuerfeldes sich durch die innere Öffnung der Beschleunigungsröhre schließt und auch die Magnetisierungswicklung in dieser Öffnung angebracht ist.

22. Anordnung nach Anspruch 10, dadurch gekennzeichnet, daß die Teilchen aus einer Quelle außerhalb der Kreisbahn mit etwas zu großer Spannung in die Kreisröhre eingeführt werden und dazu gebracht werden, die Innenwand dieser Röhre zu streifen, an der sie mit Hilfe von dünnen, radial gestellten, kurzen Bremsfolien, durch welche sie hindurchdringen, abgebremst werden, bis die richtige Anfangsspannung erreicht ist.

23. Anordnung nach Anspruch 10, dadurch gekennzeichnet, daß die Teilchen in demjenigen Teil der Beschleunigungsröhre eingebracht werden, an dem die Hochfrequenzspannung gleich Null ist.

24. Anordnung nach Anspruch 10, dadurch gekennzeichnet, daß die Anfangsspannung der Teilchen mit einer Spannung erzeugt wird, welche dieselbe Frequenz hat, wie die die Potentialfelder erzeugende Hochfrequenzspannung, und daß die Teilchen periodisch während eines kleinen Teiles der Hochfrequenzperiode emittiert werden.

25. Anordnung nach Anspruch 24, dadurch gekennzeichnet, daß die periodisch durchlaufenden Teilchen einen Kondensator durchlaufen, der in Beschleunigungsröhre an einer Stelle, wo die Hochfrequenzspannung Null ist, angebracht ist und in diesem Kondensator eine schwache Wechselspannung hervorrufen, die verstärkt wird und den Hochfrequenzgenerator für die Hochfrequenzspannung steuert.

26. Anordnung nach Anspruch 10, dadurch gekennzeichnet, daß die Bahnradien der Teilchen beinahe konstant sind, während die Beschleunigungsfrequenz proportional mit der Umlauffrequenz der Teilchen zunimmt.

27. Anordnung nach Anspruch 26, dadurch gekennzeichnet, daß die Energieleitung der Änderung in der Beschleunigungsfrequenz mit Hilfe von ferromagnetischem Material angepaßt ist, dessen Permeabilität durch variable Vormagnetisierung mit Gleichstrom verändert wird.

28. Anordnung nach Anspruch 10, dadurch gekennzeichnet, daß die Teilchen in bzw. aus dem Beschleunigungsprozeß gebracht werden mit Hilfe von variierenden Magnetfeldern, die dem Steuerfeld überlagert sind und die dann eingeschaltet werden, wenn die Beschleunigung der Teilchen beginnt bzw. aufhört.

29. Anordnung nach Anspruch 10, dadurch gekennzeichnet, daß die geladenen Teilchen sukzessive bei mehreren Umlauffrequenzen beschleunigt werden, die zunehmend Unterfrequenzen der Hochfrequenz sind, wobei die Synchronisierung der Frequenzen jeweils für kurze Zeit aufgehoben wird, wenn der Bahnradius einen gewissen Wert überschreitet.

30. Anordnung nach Anspruch 29, dadurch gekennzeichnet, daß der Synchronismus durch periodische Änderung der Beschleunigungsfrequenz aufgehoben wird.

31. Anordnung nach Anspruch 29, dadurch gekennzeichnet, daß der Synchronismus durch periodische Senkung des Maximalwertes der Beschleunigungsspannung unter den niedrigsten Wert, bei welchem Synchronismus möglich ist, aufgehoben wird.

32. Anordnung nach Anspruch 29, dadurch gekennzeichnet, daß das Steuerfeld periodisch verändert wird, und daß die zeitliche Ableitung der Feldstärke desselben kurzzeitig um so viel erhöht wird, daß die Synchronspannung die maximale Beschleunigungsspannung überschreitet.

33. Anordnung nach Anspruch 29, dadurch gekennzeichnet, daß das Steuerfeld von einem bestimmten Bahnradius an bei vergrößertem Radius langsamer abnimmt, wobei die Änderung so groß ist, daß die notwendige Synchronspannung größer wird als die maximale Beschleunigungsspannung.

34. Anordnung nach Anspruch 29, dadurch gekennzeichnet, daß die Elektroden für das beschleunigende Potentialfeld eine solche Form haben, daß die zum Bahnkreis tangentiale Feldkomponente abnimmt, wenn der Bahnradius einen gewissen Wert überschreitet, so daß die geladenen Teilchen weniger stark, als zur Aufrechterhaltung des Synchronismus notwendig ist, beschleunigt werden.

35. Anordnung nach Anspruch 29 dadurch gekennzeichnet, daß die Beschleunigungsspannung abgesehen von der genannten kurzen Zeit proportional zu der zeitlichen Ableitung der Feldstärke des Steuerfeldes ist.

Hierzu 1 Blatt Zeichnungen

5308 8. 52

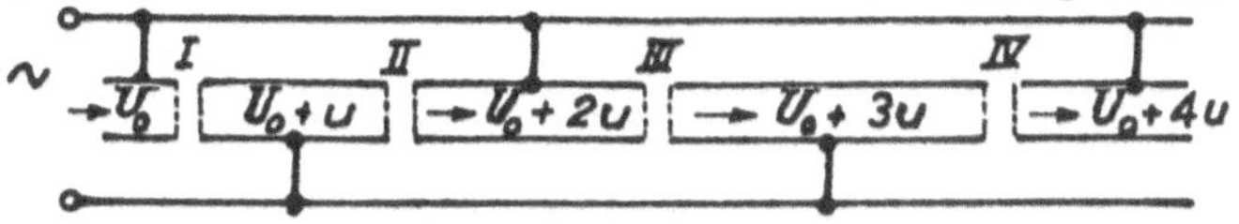

Fig. 1

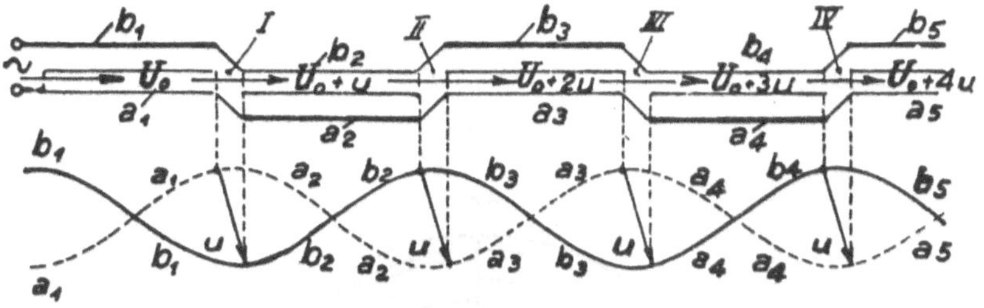

Fig. 2

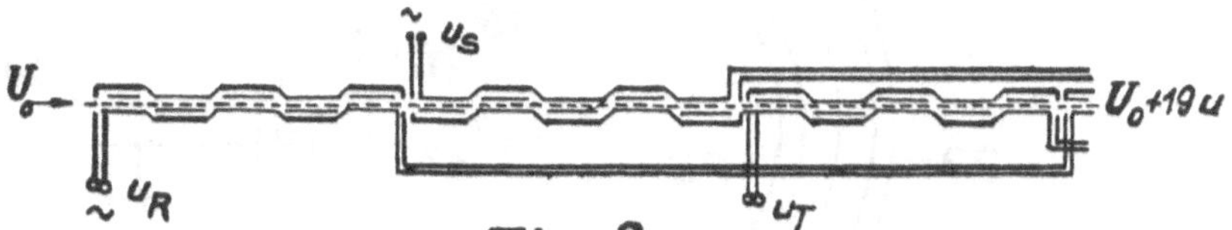

Fig. 3

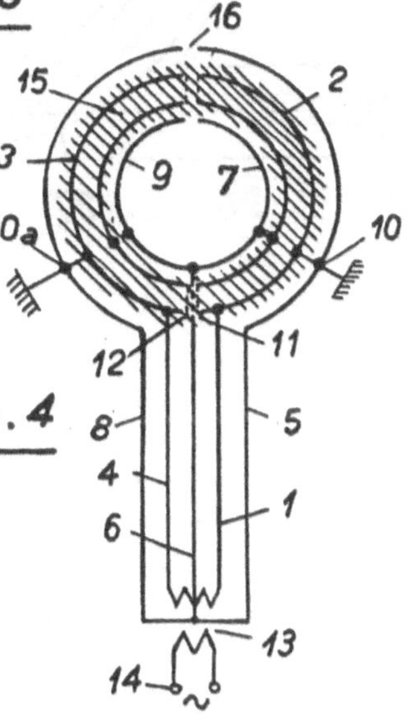

Fig. 4

Zu der Patentschrift 847 318
Kl. 21g Gr. 36

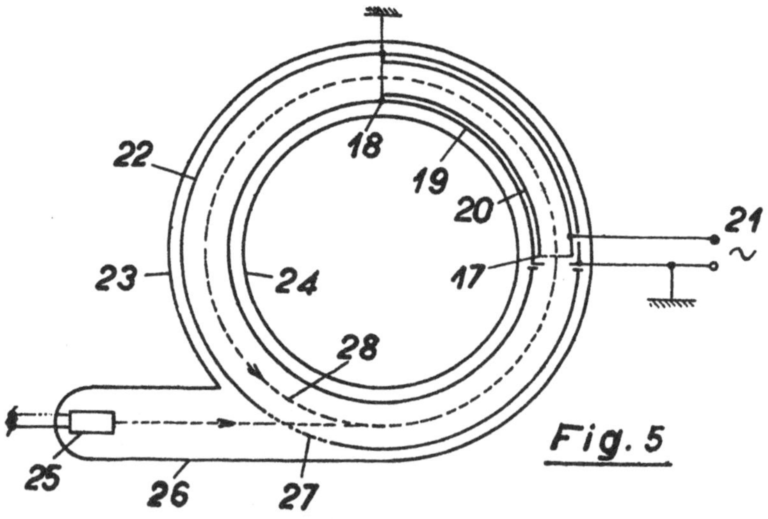

Fig. 5

Namen- und Sachverzeichnis

Die Atomphysiker

Eine Geschichte der theoretischen Physik am Beispiel der Sommerfeldschule

von Michael Eckert

1993. VIII, 300 Seiten mit 24 Abbildungen. (Facetten) Gebunden. ISBN 3-528-06500-1

Aus dem Inhalt: Die Entstehung einer neuen Wissenschaft – Die Anfänge der Sommerfeldschule – Aktivposten Atomtheorie – „Aufbruch in das neue Land" – Die internationale Verbreitung der theoretischen Physik – Anwendungen der Quantenmechanik – Happy Thirties? – Physiker im Exil – Die Verlagerung der Schwerpunkte der theoretischen Physik in den dreißiger Jahren – Die Physik im „Dritten Reich" – Der Krieg der Physiker – Epilog.

Dieses Buch liefert eine Sozialgeschichte der modernen theoretischen Physik am Beispiel Arnold Sommerfelds, des nach Einstein einflußreichsten und bedeutendsten theoretischen Physikers unseres Jahrhunderts. Der Autor zeigt, daß die theoretische Physik sich keineswegs nur durch geniale Ideen zu einer der modernen Wissenschaften des 20. Jahrhunderts entwickelte, sondern auch durch soziale Faktoren wie persönliche Anerkennung, missionarischer Eifer beim Verbreiten eigener Ideen, Fortschrittsglauben, wirtschaftliche Randbedingungen, Erwartungen des Staates (Atombombe!), Nationalismus, Erwartungen der Wirtschaft, Wissenschaft als Kulturgut ... beinflußt wurde.

Verlag Vieweg · Postfach 58 29 · 65048 Wiesbaden

vieweg